职业院校机电类"十三五"
微课版创新教材

边做边学
Creo 3.0
机械设计立体化教程 微课版

耿慧莲 谭雪松 / 主编
孙建香 殷鹏军 刘长江 / 副主编

U0313754

人民邮电出版社
北 京

图书在版编目（CIP）数据

边做边学：Creo 3.0机械设计立体化教程：微课版/
耿慧莲，谭雪松主编. -- 北京：人民邮电出版社，
2017.1
职业院校机电类"十三五"微课版创新教材
ISBN 978-7-115-43117-2

Ⅰ．①边… Ⅱ．①耿… ②谭… Ⅲ．①机械设计－计
算机辅助设计－应用软件－高等职业教育－教材 Ⅳ.
①TH122

中国版本图书馆CIP数据核字(2016)第313528号

内 容 提 要

Creo 是美国 PTC（Parametric Technology Corporation，参数技术公司）开发的大型 CAD/CAM/CAE 集成软件，该软件广泛应用于工业产品造型设计、机械设计、模具设计、加工制造、有限元分析、功能仿真以及关系数据库管理等方面，是当今最优秀的三维设计软件之一。Creo 3.0 具有更加完善、友好和直观的用户界面，同时新增的设计功能也进一步拓展了软件的应用范围，强化了设计能力。

本书将理论讲述和实例相结合，全面介绍使用 Creo 3.0 进行三维产品开发的基本方法和操作技巧，主要内容包括 Creo 3.0 设计概述、绘制二维图形、创建基础实体特征、创建工程特征、特征的操作和参数化设计、曲面及其应用、组件装配设计以及工程图等，能帮助读者全面掌握参数化设计的基本原理和一般过程。

本书内容丰富，条理清晰，选例典型，针对性强，适合作为高等职业院校机械类、模具类专业相关课程的教材，也可以作为从事产品开发设计工作的工程设计人员的自学参考用书。

◆ 主　　编　耿慧莲　谭雪松
　　副 主 编　孙建香　殷鹏军　刘长江
　　责任编辑　刘　佳
　　责任印制　焦志炜

◆ 人民邮电出版社出版发行　　北京市丰台区成寿寺路 11 号
　　邮编　100164　电子邮件　315@ptpress.com.cn
　　网址　http://www.ptpress.com.cn
　　北京隆昌伟业印刷有限公司印刷

◆ 开本：787×1092　1/16
　　印张：21.5　　　　　　　　2017 年 1 月第 1 版
　　字数：497 千字　　　　　　2017 年 1 月北京第 1 次印刷

定价：49.80 元

读者服务热线：(010)81055256　印装质量热线：(010)81055316
反盗版热线：(010)81055315

前 言   FOREWORD

Creo 作为当今流行的三维实体建模软件之一，其内容丰富，功能强大，随着生产加工自动化水平的不断提高，在我国设计加工领域里的应用越来越广泛。为了帮助读者迅速掌握该软件的使用方法和基本技巧，作者根据自己使用该软件进行产品开发的基本经验和心得体会编写了本书，以帮助读者循序渐进地掌握使用 Creo 进行大型产品开发的基本方法。

本书从基础入手，深入浅出地介绍了 Creo 3.0 的主要功能和用法，引导读者熟悉软件中各种工具的用法，进而掌握各种设计方法与技巧的应用。书中内容新颖丰富，包含了绘制二维图形、三维实体建模、三维曲面建模、创建参数化模型、组件装配设计以及创建工程图等主要设计单元。全书叙述清晰，对学习难点做了详尽的介绍，所选范例内容涵盖了软件的主要功能和命令，可以大大缩短读者学习和掌握的时间，达到事半功倍的效果。

本书突出实用性，强调理论与实践相结合，具有以下特色。

（1）在充分考虑课程教学内容及特点的基础上组织本书内容，书中既介绍了 Creo 3.0 的基础理论知识，又提供了丰富的范例解析，便于教师采取"边讲边练"的教学方式教学。

（2）在内容的组织上突出了实用的原则，精心选取 Creo 3.0 的常用功能及与 CAD 技术密切相关的知识构成全书的内容体系。

（3）以典型案例贯穿全书，将理论知识融入大量的实例中，使学生在实际应用中不知不觉地掌握理论知识，提高操作技能。

本书参考学时为 64 学时，各章的教学课时可参考下面的学时分配表。

章　　节	课 程 内 容	学　　时	
		讲　授	实　训
第 1 章	Creo 3.0 设计概述	2	2
第 2 章	绘制二维图形	4	4
第 3 章	创建基础实体特征	4	6
第 4 章	创建工程特征	4	4
第 5 章	特征的操作和参数化设计	4	4
第 6 章	曲面及其应用	4	6
第 7 章	组件装配设计	4	4
第 8 章	工程图	4	4
学时总计		30	34

本书所附相关素材，请到人邮教育网（www.ryjiaoyu.com）上免费下载。书中用到的素材图形文件都按章收录在"素材"文件夹下，任课教师可以调用和参考这些设计文件。

本书由耿慧莲、谭雪松担任主编，孙建香、殷鹏军、刘长江担任副主编。

由于作者水平有限，书中难免存在疏漏之处，敬请读者批评指正。

编　者
2016年4月

目录 / CONTENTS

Chapter

1

第 1 章
Creo 3.0 设计概述

　　船舶、汽车以及航空航天等高精尖的技术领域中，大量复杂的技术问题为 CAD 软件的发展提供了强大的推动力，其中，参数化造型理论是 CAD 技术在设计理念上的重要突破。

学习目标

- 了解 Creo 的典型设计思想及其特点。

- 了解 Creo 的典型设计功能模块及其用途。

- 明确 Creo 3.0 的设计环境以及基本操作。

- 明确 Creo 3.0 的图层管理方法。

1.1 Creo 的典型设计思想

使用参数化思想建模简单、高效。美国 PTC（Parametric Technology Corporation，参数技术公司）率先运用了参数化设计原理开发 CAD 软件，下面介绍其典型设计思想。

1.1.1 知识准备

1. 模型的基本形式

在 CAD 软件中，模型的描述方式先后经历了从二维图形到三维模型，从直线、圆弧等简单的几何元素到曲线、曲面和实体等复杂几何元素的发展历程。图 1-1 展示了 CAD 技术中"打点——连线——铺面——填实"的重要建模原则。

曲线　　　　　　　　曲面　　　　　　　　实体

图 1-1　Creo 的建模原理

CAD 软件在发展过程中先后使用过多种模型描述方法，介绍如下。

（1）二维模型

二维模型使用平面图形来表达模型，模型信息简单、单一，对模型的描述不全面。图 1-2 所示为工业生产中的零件图（局部），这种图形不但制作不方便，而且识读也很困难。

（2）三维线框模型

三维线框模型是使用空间曲线组成的线框描述模型，主要描述物体的外形，它只能表达基本的几何信息，无法实现 CAM（计算机辅助制造）及 CAE（计算机辅助工程）技术，如图 1-3 所示。

图 1-2　零件图

图 1-3　三维线框模型

（3）曲面模型

曲面模型使用 Bezier、NURBS（非均匀有理 B 样条）等参数曲线等组成的自由曲面来描述模型，对物体表面的描述更完整、精确，为 CAM 技术的开发奠定了基础。但是，它难以准确地表达零件的质量、重心及惯性矩等物理特性，不便于 CAE 技术的实现。

不过，现代设计中可以方便地对曲面模型进行实体化操作，以获得实体模型，如图 1-4 所示。

曲面模型　　　　　　　　　　　实体模型

图 1-4　曲面的实体化操作

（4）实体模型

实体模型采用与真实事物一致的模型结构来表达物体，"所见即所得"，直观简洁。它不仅能表达模型的外观，还能表达物体的各种几何和物理属性，是实现 CAD/CAM/CAE 技术一体化不可缺少的模型形式。

图 1-5 所示为汽车的实体模型，该模型由一系列独立设计的零件组装而成。

图 1-5　实体模型

要点提示

在现代生产中，三维实体模型从用户需求、市场分析出发，以产品设计制造模型为基础，在产品整个生命周期内不断扩充、不断更新版本，是产品生命周期中全部数据的集合。三维实体模型便于在产品生命周期的各阶段实现数据信息的交换与共享，为产品设计中的全局分析创造了条件。

2. Creo 的典型设计思想

Creo 突破了传统的 CAD 设计理念，提出了实体造型、参数化设计、特征建模以及全相关单一数据库的新理论。使用 Creo 进行三维建模，操作简便，易于实现设计意图的变更。

（1）实体造型

三维实体模型除了描述模型的外部形状外，还描述模型的质量、密度、质心以及惯性矩等物理信息，能够精确表达零件的全部几何属性和物理属性。Creo 可以用来方便地创建实体模型，同时软件的各个功能模块可以用来对模型进行更加深入、全面的操作和分析计算。

（2）参数化设计

根据参数化设计原理，用户在设计时不必准确地定形和定位组成模型的图元，只需勾画出大致轮廓，然后修改各图元的定形和定位尺寸值，系统根据尺寸再生模型后即可获得理想的模型形状，这种通过图元的尺寸参数来确定模型形状的设计过程称为"尺寸驱动"。它只需修改模型某一尺寸参数的数值，即可改变模型的形状和大小。

 要点提示

参数化设计还提供了多种"约束"工具，使用这些工具，可以很容易地使新创建图元和已有图元之间保持平行、垂直以及居中等位置关系。总之，在参数化设计思想的指引下，模型的创建和修改都变得非常简单和轻松，这也使得学习大型 CAD 软件不再是一项艰苦而麻烦的工作。在参数化设计中，"参数"是一个重要概念，在模型中设置参数后，模型具有更大的设计灵活性和可变性。

（3）特征建模

特征是设计者在一个设计阶段创建的全部图元的总和。特征可以是模型上的重要结构（如圆角），也可以是模型上切除的一段材料，还可以是用来辅助设计的一些点、线和面。

① 特征的分类

Creo 中的特征分为实体特征、曲面特征和基准特征 3 类，其详细对比如表 1-1 所示。

表 1-1　特征的主要类型

种类	特点	示例
实体特征	1. 具有厚度和质量等物理属性 2. 分为增材料和减材料两种类型。前者在已有模型上长出新材料，后者在已有模型上切去材料 3. 按照在模型中的地位不同，它分为基础特征和工程特征。前者用于创建基体模型，如拉伸特征和扫描特征等；后者用于在已有模型上创建各种具有一定形状的典型结构，例如圆角特征和孔特征等	孔特征　倒圆角特征　旋转特征
曲面特征	1. 没有质量和厚度，但是具有较为复杂的形状 2. 主要用于围成模型的外形。将符合设计要求的曲面实体化后可以得到实体特征 3. 曲面可以被裁剪，去掉多余的部分；也可以合并，将两个曲面合并为一个曲面 4. 曲面可以根据需要隐藏，这时它在模型上不可见	
基准特征	1. 主要用于设计中的各种参照 2. 基准平面：用作平面参照 3. 基准曲线：具有规则形状的曲线 4. 基准轴：用作对称中心参照 5. 基准点：用作点参照 6. 坐标系：用来确定坐标中心和坐标轴	FRONT　基准轴　基准点　TOP　PRT_CSYS_DEF　A　PNT1　A_1　基准曲线　基准平面　RIGHT

② 特征建模原理

特征是 Creo 中模型组成和操作的基本单位。创建模型时，设计者总是采用"搭积木"的方式在模型上依次添加新的特征。修改模型时，首先找到不满意细节所在的特征，然后对其大刀阔斧地"动手术"。由于组成模型的各个特征相对独立，在不违背特定特征之间基本关系的前提下，再生模型即可获得理想的设计结果。

图 1-6 所示为一个模型的特征建模原理。

创建基础曲线和曲面　　　　完善曲面　　　　构建底座曲面

构建手柄　　　　构建手柄支座　　　　曲面实体化

图 1-6　特征建模原理

（4）全相关的单一数据库

Creo 采用单一数据库来管理设计中的基本数据。单一数据库是指软件中的所有功能模块共享同一公共数据库。根据单一数据库的设计原理，软件中的所有模块都是全相关的，这就意味着在产品开发过程中对模型任意一处所做的修改都将写入公共数据库，系统将自动更新所有工程文档中的相应数据，包括装配体、设计图纸以及制造数据等。

 要点提示

如果修改了某一零件的三维实体模型，则该零件的工程图会立即更新，在装配组件中，该零件对应的元件也会自动更新，甚至在数控加工中的加工路径都会自动更新。

3. Creo 的典型应用

Creo 是由众多功能完善、相对独立的功能模块组成的，每一个模块都有独特的设计功能，用户可以根据需要调用其中的模块进行设计，各个模块创建的文件有不同的文件扩展名。

选择菜单命令【文件】/【新建】，系统将打开图 1-7 所示的【新建】对话框。表 1-2 列出了设计中可以创建的设计任务类型。

图 1-7 【新建】对话框

表 1-2 新建工程项目类型

项目类型	功能	文件扩展名
草绘	使用草绘模块创建二维草图	.sec
零件	使用零件模块创建三维实体零件和曲面	.prt
装配	使用装配模块对零件进行装配	.asm
制造	使用制造模块对零件进行数控加工、开模等生产过程	.mfg
绘图	由零件或装配组件的三维模型生成工程图	.drw
格式	创建工程图以及装配布局图等的格式模板	.frm
报告	在工程图文件中创建由行和列组成的表格	.rep
布线图	创建电路图、管路图、电力、供热及通风组件的二维图表	.dgm
标记	为零件、装配组件及工程图等建立注解文件	.mrk

（1）绘制二维图形

二维图形是创建三维建模的基础，在创建基准特征和三维特征时，通常都需要绘制二维图形，这时系统会自动切换至草绘环境。在三维设计环境下，也可以直接读取在草绘环境下绘制并存储的二维图形文件继续设计。

三维建模的基础工作就是绘制符合设计要求的截面图，然后使用软件提供的基本建模方法来创建模型。将图 1-8 左图所示的截面沿着与截面垂直的方向拉伸即可获得三维模型，如图 1-8 右图所示。

拉伸建模

图 1-8 使用二维图形创建三维模型

（2）创建三维模型

创建三维模型是使用 Creo 进行产品设计和开发的主要目标。在创建三维模型时，主要综合利用实体建模和曲面建模两种方法。实体建模的原理清晰，操作简便，而曲面建模复杂多变，使用更加灵活，两者交互使用，可以发挥各自的优势，找到最佳的设计方案。

图 1-9 所示的叶片模型，其基体部分结构简单，采用实体建模方式创建；而叶片的形状比较复杂，首先由曲面围成其外形轮廓，然后将其实体化。

使用实体建模　　使用两个曲面围成　　合并曲面后获得理想的叶　　创建其余三个叶片，确
创建叶片基座　　叶片的基本轮廓　　片形状，然后将其实体化　　保叶片的形状完全一致

图1-9　三维建模示例

（3）零件装配

装配就是将多个零件按实际的生产流程组装成部件或完整的产品。按照装配要求，用户还可以临时修改零件的尺寸参数，系统将使用分解图的方式来显示所有零件相互之间的位置关系，非常直观。图 1-10 所示为一个齿轮部件的装配示例。

齿轮

键

轴

零件　　　　　　　组装后的部件　　　　　　组件分解

图1-10　齿轮部件的装配示例

（4）创建工程图

在生产第一线中常常需要将三维模型变为二维平面图形，也就是工程图。使用工程图模块可以直接由三维实体模型生成二维工程图。系统提供的二维工程图包括一般视图（即通常所说的三视图）、局部视图、剖视图及投影视图等视图类型。设计者可以根据零件的表达需要灵活选取视图类型，图 1-11 所示为零件的工程图样。

（5）机械仿真

机械仿真主要是根据零件的物理特性模拟其运动过程并进行动力学分析等，从而获得运动动画以及分析结果，如图 1-12 所示。Creo 提供了专门的仿真设计模块，其内容丰富，功能强大。通过机械仿真可以

观察机构在运行时是否具有干涉现象，各个部件是否达到预期的运动效果，同时为零件的设计和修改提供直接的参考依据。

图 1-11　零件图

图 1-12　机械仿真

（6）数控加工

近年来，大型 CAD/CAM/CAE 软件的不断推出和更新，大大降低了数控加工的复杂程度，简化了数控程序的编写过程。使用 Creo 提供的数控加工模块可以方便地完成典型零件的数控加工。使用三维实体模型作为技术文件，可以便捷地创建刀具路径，并对加工过程进行动态模拟，如图 1-13 所示，最后创建出可供数控设备直接使用的 NC 程序。

（7）模具设计

现代生产中，模具的应用相当广泛。例如，在模型锻造、注塑加工中都必须首先创建具有与零件外形相适应的模膛结构的模具。模具生产是一项比较复杂的工作，不过由于大型 CAD 软件的广泛应用，模具生产过程也逐渐规范有序。Creo 具有强大的模具设计功能，使用模具设计模块设计模具简单方便。图 1-14 所示为一个典型零件创建的模块元件。

图 1-13 数控加工模拟

图 1-14 模具设计

当然，以上仅仅列出了 Creo 典型应用的基本情况。Creo 是一个大型设计软件，其功能模块相当丰富，有许多模块的应用相当专业，用户在设计中可以根据需要进行选择。

1.1.2 范例解析——认识 Creo 的设计思想

下面通过一组实例来帮助读者理解 Creo 的设计思想。

1. 认识实例模型

（1）启动 Creo 3.0。

（2）选择菜单命令【文件】/【打开】，打开素材文件 "\第 1 章\素材\pen_box.prt"，这是一个笔筒模型，如图 1-15 所示。

（3）在【分析】功能区的【模型报告】工具组中单击 质量属性 按钮，打开【质量属性】对话框，设定模型的密度为 2.3g/cm³，然后单击底部的 预览(P) 按钮，分析模型的物理属性，结果如图 1-16 所示。通过该对话框可以获得模型的体积、质量和表面积等物理属性参数。

图 1-15 笔筒模型

图 1-16 【质量属性】对话框

要点提示

通过这个实例可知，利用 Creo 创建的三维模型不仅仅是一幅图像，其中包含有模型更多的重要几何物理信息。深刻理解实体模型的这个特性后，用户可以更好地利用三维实体模型指导工业分析和生产过程。

2. 理解尺寸驱动

（1）选择菜单命令【文件】/【打开】，打开素材文件"\第 1 章\素材\triangle.sec"，这是一个三角形，其上的所有尺寸已经在图上标出，如图 1-17 所示。

（2）双击角度尺寸"77.80"，将其修改为"60.00"，然后回车，图形将依据新的尺寸自动改变图线的长度并调整图形的形状，如图 1-18 所示。

图 1-17 打开的图形

图 1-18 再生结果（1）

（3）使用同样的方法修改尺寸"57.60"到"60.00"，获得一个正三角形，如图 1-19 所示。

（4）修改尺寸"9.31"到"100.00"，回车后得到边长为 100 的正三角形，如图 1-20 所示。

图 1-19 再生结果（2）

图 1-20 再生结果（3）

要点提示

有了"尺寸驱动"的设计理念后，设计者不必再拘泥于线条的长短以及角度大小等繁琐工作。把粗放、宏观的工作交给设计者完成，把细致、精确的工作交给计算机完成，这样就增强了设计的人性化。

3. 认识特征建模原理

（1）选择菜单命令【文件】/【打开】，打开素材文件"\第 1 章\素材\Cover.prt"。

（2）从左侧的模型树窗口中查看模型的特征构成，可见该模型上依次创建了一组拉伸特征、壳特征和拔模特征，如图 1-21 所示。

图 1-21 模型的结构

（3）按住 Ctrl 键选中模型树窗口尾部的一组倒圆角特征，在其上单击鼠标右键，在弹出的快捷菜单中选取【删除】命令，系统弹出确认对话框，单击 确定 按钮，将该特征从模型中删除，在模型树中也将不再有该倒圆角结构，如图 1-22 所示。

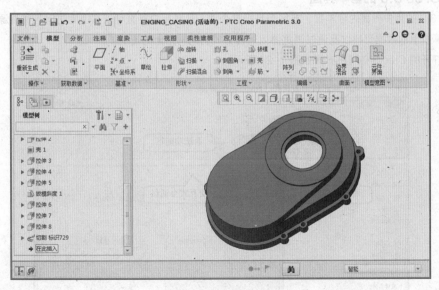

图 1-22 删除倒圆角特征

（4）使用同样的方法从下至上依次删除特征，观察这个模型是怎样通过"搭积木"的方式由各种特征组合而成的，如图 1-23 所示。

图 1-23　特征建模过程

要点提示

特征建模是当前 CAD 技术中最引人注目的理念，采用特征建模构建的模型不但具有清晰的结构，更为重要的是，设计者可以随时返回到先前已经完成的特征对其重新完善，完成后再转移到其他特征创建工作中。

1.2　Creo 3.0 的设计环境和基本操作

熟练掌握 Creo 3.0 的设计环境和基本操作是使用 Creo 进行设计的基础。本节主要介绍 Creo 3.0 设计环境的组成和功能，重点说明程序界面上各主要设计工具的使用方法。

1.2.1　知识准备

1. Creo 3.0 的基本界面

Creo 3.0 的用户界面内容丰富、友好而且极具个性。从其用户界面可以方便地访问各种资源，包括访问本地计算机上的数据资料以及通过浏览器以远程方式访问网络上的资源。

初次打开的 Creo 3.0 用户界面如图 1-24 所示。

图 1-24　初次打开的 Creo 3.0 用户界面

此时的设计界面主要分为 4 个区域。

- 快速启动工具栏：用于实现新建文件、打开文件等快捷操作。
- 系统功能区：用于实现文件管理、显示设置以及颜色设置等操作。
- 资源管理区：用于访问本地文件资源。
- 交互式会话区：可以访问网络或搜索指定目录下的文件。

 要点提示

单击导航器右侧的切换开关 ，可以关闭导航器窗口，使用类似的方法可以关闭浏览器窗口。这时，整个用户界面的中央区域为设计工作区，这样可以方便设计操作。

2. 三维设计环境

Creo 是一个集成的设计软件，在不同设计模块下，软件界面并不相同，但是其基本布局格式是相似的，下面以三维设计环境为例对其设计环境构成进行介绍。

在快速启动工具栏中单击 按钮，然后单击鼠标中键进入三维建模环境，可以看到这时的设计界面已经改变。打开一个已经设计完成的三维模型，此时的界面如图 1-25 所示。

图 1-25　三维设计环境

（1）标题栏

界面顶部的标题栏中显示当前打开文件的名称。

Creo 允许同时打开多个文件，这多个文件分别显示在独立的视窗中，文件名后面有"活动的"字样为活动视图，可以对其进行编辑操作，如图 1-26 所示。Creo 只允许有一个活动窗口，单击任一窗口标题栏即可将其设置为活动窗口。

ROBOT (活动的) - PTC Creo Parametric

图 1-26　标题栏

（2）设计功能区

Creo 将每一个设计模块划分为若干个功能区，分别以选项卡的形式进行组织，如【模型】、【分析】、【注释】以及【工具】等；每个功能区下又包含若干工具组，例如，在【模型】功能区下包含【基准】、【形状】和【工程】等工具组；每个工具组中又放置了若干工具按钮，例如，在【形状】工具组中包含了【拉伸】、【扫描】等工具，如图 1-27 所示。

图 1-27 设计功能区

（3）模型树窗口

Creo 为设计者提供了一个非常优秀的特征管家——模型树窗口，这里展示模型的特征构成，是分析和编辑模型的重要辅助工具。模型树按照模型中特征创建的先后顺序展示了模型的特征构成，这不但有助于用户充分理解模型的结构，也为修改模型时选取特征提供了最直接的手段，如图 1-28 所示。

图 1-28 模型树窗口的应用

（4）设计窗口

在这里绘制和编辑模型以及进行其他设计工作，它是完成设计工作的重要舞台。

（5）系统信息栏与状态栏

这是用户和计算机进行信息交流的主要场所。在设计过程中，系统通过信息栏向用户提示当前正在进行的操作以及需要用户继续执行的操作。这些信息通常结合不同的图标给出，代表不同的含义，如表 1-3 所示。设计者在设计过程中要养成随时浏览系统信息的习惯。

表 1-3　系统信息栏给出的基本信息

提示图标	信息类型	示例
⇨	系统提示	⇨选取一个平面或曲面以定义草绘平面。
•	系统信息	•显示约束时：右键单击禁用约束。
✖	错误信息	✖不能放置要创建的特征。
⚠	警告信息	⚠警告：拉伸_2 完全在模型外部；模型未改变。

3. 文件操作

【文件】主菜单主要用于常用的文件操作。Creo 中的文件操作与其他软件有所差异，下面重点介绍其中常用的操作。

（1）新建文件

选取菜单命令【文件】/【新建】，将打开【新建】对话框，通过该对话框来选用不同的功能模块进行设计。各个设计模块的用途如表 1-2 所示，其详细用法将分散到以后各章中讲述。

 要点提示

为新建文件命名时，不能使用中文字符，通常使用"见名知义"的英文单词。同时，文件名中也不能有空格。如果文件名由多个单词组成，可在单词之间使用下划线"_"等字符连接。

（2）打开文件

选取菜单命令【文件】/【打开】或在快速启动工具栏中单击🗁按钮，打开【文件打开】对话框，并导航到工作目录。工作目录是指系统在默认情况下存放和读取文件的目录，在软件安装时设定。用户可以选择菜单命令【文件】/【管理会话】/【选择工作目录命令】来更改工作目录。

在打开文件时，可以从【文件打开】对话框底部的【类型】列表中指定文件类型，以方便查找。

（3）保存文件

选择菜单命令【文件】/【保存】或在快速启动工具栏中单击🖫按钮，打开【保存对象】对话框，通过该对话框设置路径保存文件。

保存文件时，要注意以下要点。

① 第一次保存文件时，在默认情况下都保存在工作目录中。

② 每个文件仅在第一次执行保存操作时打开【保存对象】对话框，再次保存时只能存储在原来位置。如果需要更换文件保存路径，可以选择菜单命令【文件】/【另存为】/【保存副本】。

③ Creo 只能使用新建文件时的文件名保存文件，不允许保存时更改文件名，如果需要更换文件名，可以选择菜单命令【文件】/【管理文件】/【重命名】。

④ Creo 每执行一次存储操作并不是简单地用新文件覆盖原文件，而是在保留文件前期版本的基础上新增一个文件。在同一项设计任务中多次存储的文件将在文件名尾添加序号加以区别，序号数字越大，文件版本越新。例如，同一作品经过 3 次保存后的文件分别为"prt0004.prt.1""prt0004.prt.2"和"prt0004.prt.3"。

（4）保存文件副本

选择菜单命令【文件】/【另存为】/【保存副本】，可以将当前文件以指定的格式保存到另一个存储位置，此时系统将弹出【保存副本】对话框。首先设定文件的存储位置，还能重新命名文件名称，然后在【类型】下拉列表中选取保存文件的类型，即可输出文件副本。

要点提示

保存副本时，可以在【类型】下拉列表中选取不同的输出文件格式，这是 Creo 与其他 CAD 系统的文件交互接口，可进行文件格式转换。例如，把二维草绘文件输出为能被 AutoCAD 系统识别的 ".dwg" 文件，把三维实体模型文件输出为能被虚拟现实语言 VRML 识别的 ".wrl" 文件。

（5）备份文件

选择菜单命令【文件】/【另存为】/【保存备份】，可以将当前文件保存到另外一个存储目录。建议读者养成随时备份的好习惯，以确保设计成果安全可靠。

（6）重命名文件

选择菜单命令【文件】/【管理文件】/【重命名】，打开【重命名】对话框，输入新的文件名称即可。该对话框中两个单选项的用途介绍如下。

- 【在磁盘上和会话中重命名】：同时对进程和磁盘上的文件重命名，这种更改文件名称的方法将彻底修改文件的名称。
- 【在会话中重命名】：只对进程中的文件进行重命名。一旦退出系统，结束进程后，命名就将失效，而在磁盘上的文件依然保留原来的名字。

（7）关闭文件

选择菜单命令【文件】/【关闭】或在快速启动工具栏中单击 按钮，可以关闭该文件的设计界面。注意关闭后的文件仍然停留在设计进程中。例如，不能创建与之同名的新文件。

（8）拭除文件

通过拭除操作可以从进程中清除文件。选择菜单命令【文件】/【管理会话】/【拭除当前】，可以从进程中清除当前打开的文件，同时关闭当前设计界面；选择菜单命令【文件】/【管理会话】/【拭除未显示的】，可以清除系统曾经打开、现在已经关闭但仍然驻留进程中的文件。

 要点提示

从进程中拭除文件的操作很重要。打开一个文件并对其进行修改后，即使并未保存修改结果，但是关闭该文件再重新打开得到的文件却是修改过的版本。这是因为修改后的文件虽然被关闭，但是仍然保留在进程中，而系统总是打开进程中文件的最新版本。只有将进程中的文件拭除后，才能打开修改前的文件。

（9）删除文件

将文件从磁盘上彻底删除。选择菜单命令【文件】/【管理文件】/【删除旧版本】，系统将保留该文件的最新版本，删除掉其余所有早期的版本。例如，有 prt0004.prt.1、prt0004.prt.2 和 prt0004.prt.3 共 3 个版本，则删除 prt0004.prt.1 和 prt0004.prt.2；选择菜单命令【文件】/【管理文件】/【删除所有版本】，系统将删除与之相关的全部文件。

4. 视图操作

【视图】菜单主要用于设置模型的显示效果，内容包括模型的显示状态、显示方式以及模型的视角等。

（1）重新生成视图

在快速启动工具栏中单击 按钮，可以对视图区进行刷新操作，清除视图进行修改后遗留在模型上的残影并用新参数重建模型。

（2）调整模型视角

设置观察模型的视角。在三维建模时，可以从不同角度观察模型，获得更多模型上的细节信息。在【视图】功能区的【方向】工具组中单击 📄（已保存方向）按钮，从下拉列表中选取系统预先设定的视角来观察模型；单击 ↗（标准方向）按钮，可以以标准视角（正等轴测图）显示模型。

表 1-4 列出了从不同视角下观察模型的效果。

表 1-4 模型的视角

标准视角	Back	Bottom	Front	Left	Right	Top
从侧向观察模型获得的轴测投影效果图	从模型背面向前看观察到的结果	从模型底部向上观察得到的结果	从模型前面向后面观察到的结果	从模型左侧向右观察得到的结果	从模型右侧向左观察得到的结果	从模型顶部向下观察的结果

（3）视图操作

在三维设计环境中，常常需要对模型进行移动、缩放和旋转等操作。在【视图】功能区的【方向】工具组中有以下 4 个按钮来缩放视图。

- 🔍：放大图形，框选需要放大的区域后将其放大。
- 🔍 缩小：缩小图形，单击该按钮一次，将模型缩小一定比例。
- ✋ 平移：平移图形，单击该按钮后，可以拖动图形在界面内移动。
- 🔍 平移缩放：单击后弹出【方向】对话框，利用该对话框可以全面调整模型的移动、旋转和缩放参数。

将鼠标的 3 个功能键与 Ctrl 键和 Shift 键配合使用，可以在 Creo 系统中定义不同的快捷操作，使用这些快捷键进行操作将更加简单方便。

表 1-5 列出了各类快捷键在不同模型创建阶段的用途。

表 1-5 三键鼠标各功能键的基本用途

使用类型		鼠标功能键		
		鼠标左键	鼠标中键	鼠标右键
二维草绘模式（鼠标按键单独使用）		1. 画连续直线（样条曲线） 2. 画圆（圆弧）	1. 终止画圆（圆弧）工具 2. 完成一条直线（样条曲线），开始画下一直线（样条曲线） 3. 取消画相切弧	弹出快捷菜单
三维模式	（鼠标按键单独使用）	选取模型	旋转模型（无滚轮时按下中键或有滚轮时按下滚轮） 缩放模型（有滚轮时转动滚轮）	在模型树窗口或工具箱中单击，将弹出快捷菜单
	（与 Ctrl 键或 Shift 键配合使用）	无	与 Ctrl 键配合并且上下移动鼠标：缩放模型 与 Ctrl 键配合并且左右移动鼠标：旋转模型 与 Shift 键配合并且移动鼠标：平移模型	无

要点提示

鼠标功能键与 Ctrl 键或 Shift 键配合使用是指在按下 Ctrl 键或 Shift 键的同时操作鼠标功能键。

（4）模型的显示样式

系统为模型提供了 6 种显示方式，这些模型形式可以分别用于不同的设计环境。在【视图】功能区的【模型显示】工具组中单击 ▢（显示样式）按钮，可以设置模型的显示样式，具体如表 1-6 所示。

表 1-6　三维模型的 6 种显示样式

工具按钮	带反射着色	带边着色	着色
模型特点	带反射着色模型，增加倒影效果	带边着色模型，突出显示边线	着色模型，立体感好
示意图			

工具按钮	消隐	隐藏线	线框
模型特点	消隐模型，不显示被遮挡边线	隐藏线模型，被遮挡边线弱化	线框模型，立体感差
示意图			

（5）设置图元颜色

绘图时，系统为每一类图元设置了默认颜色，如果要修改为其他颜色，可以在快速启动工具栏中单击鼠标右键，在弹出的快捷菜单中选取【自定义快速访问工具栏】命令，打开【PTC Creo Parametric 选项】面板。在面板左侧列表中选取【系统颜色】，再在右侧列表中选取要定义的要素，为其设置理想的颜色，如图 1-29 所示。

图1-29　【PTC Creo Parametric 选项】面板

1.2.2　范例解析——常用文件操作练习

下面结合实例介绍 Creo 的文件管理方法。

1. 设置工作目录

（1）在计算机任意硬盘分区上建立文件夹"Creo 工作目录"。

（2）选择菜单命令【文件】/【管理会话】/【选择工作目录】，打开【选择工作目录】对话框，浏览到刚创建的文件夹将其设置为工作目录，以后系统将在这里存取文件。

（3）将素材文件"\第 1 章\素材\electromotor.prt.1"复制到新设置的工作目录中。

2. 打开文件

选择菜单命令【文件】/【打开】，系统自动定位到工作目录，打开文件"electromotor.prt"，这是一个电机模型，如图 1-30 所示。

图 1-30　电机模型

3. 保存文件

（1）选择菜单命令【文件】/【保存】，在打开的【保存对象】对话框中单击 确定 按钮，保存文件。

（2）打开"Creo 工作目录"，可以看到其中有"electromotor.prt"和"electromotor.prt.2"两个文件。说明保存文件时，其旧版本依旧存在。

（3）选择菜单命令【文件】/【保存】，保存文件"electromotor.prt.3"。

> **要点提示**
>
> 在桌面上双击【计算机】图标，打开【计算机】界面，在左上角选择【组织】/【文件和搜索选项】，打开【文件夹选项】对话框，进入【查看】选项卡，在【高级设置】列表框中确保【隐藏已知文件类型的扩展名】复选项未被选中，这样才能看到文件名最后的 ".1" ".2" 等后缀。

4. 保存副本

（1）选择菜单命令【文件】/【另存为】/【保存副本】，打开【保存副本】对话框，为文件指定新的文件保存位置。

（2）在【文件名】文本框中输入副本名称"e_motor"。注意这里必须输入新名称。

（3）在【类型】下拉列表中选取文件类型【IGES (*.igs)】，如图 1-31 所示，随后单击 **确定** 按钮，关闭对话框。

（4）在【导出 IGES】菜单中按照图 1-32 所示设置参数导出曲面模型，然后单击 **导出** 按钮，导出".igs"文件。

（5）选择菜单命令【文件】/【打开】，在【文件打开】对话框底部选择文件类型为"IGES (*.igs)"，打开刚才保存的曲面模型，模型树中显示为一个"导入特征"，如图 1-33 所示。

图 1-31　【保存副本】对话框

图 1-32　【导出 IGES】对话框

图 1-33　导入特征

5. 备份文件

选择菜单命令【文件】/【另存为】/【保存备份】，打开【备份】对话框，将文件存放到另一目录下，建议备份时不要更改模型名称，以免引起混乱。

6. 重命名文件

（1）选择菜单命令【文件】/【管理文件】/【重命名】，打开【重命名】对话框，设置新文件名为"e_motor"，并选择【在磁盘上和会话中重命名】单选项。

（2）浏览到工作目录，可以看到全部文件已经重命名为"e_motor"。

7.　删除文件

（1）选择菜单命令【文件】/【管理文件】/【删除旧版本】，将模型的所有旧版本删除。

（2）系统询问删除文件的名称，单击鼠标中键确认。

（3）浏览到工作目录，可以看到仅剩下最新文件"e_motor"。

8.　拭除文件

（1）选择菜单命令【文件】/【管理会话】/【拭除当前】，确认系统的询问，将当前模型从进程中拭除，但是模型仍然保留在磁盘上，这是拭除与删除的区别。

（2）选择菜单命令【文件】/【管理会话】/【拭除未显示的】，将拭除启动系统以来曾经打开过的所有模型，将进程清空，此时系统会给出拟拭除模型的名称列表。

 要点提示

从进程中拭除文件不同于删除文件。拭除文件的操作很重要，一方面操作完成后，可以减少内存中的数据量，缓解内存负担；另一方面可以避免模型之间的干扰，特别是组件装配时。建议在设计过程中的一个设计阶段完成后养成定期拭除文件的好习惯。

1.3　图层及其应用

使用 Creo 设计大型产品时，用户常常会感觉到用户界面上的设计工作区太小。如果模型上的特征数量较多，在有限的设计界面上太多几何图元交错重叠，不仅影响图面的美观和整洁，也为设计工作带来诸多不便，这时可以使用图层来管理这些设计要素。

1.3.1　知识准备

1.　层树窗口

在 Creo 中使用层树来管理图层。三维设计环境中，在模型树窗口顶部右侧的下拉菜单中选取【层树】选项可以展开层树窗口，如图 1-34 所示。在层树模式下，在该下拉菜单中选取【模型树】选项可以返回模型树窗口，如图 1-35 所示。

图 1-34　图层窗口与模型树窗口切换（1）

图 1-35　图层窗口与模型树窗口切换（2）

在层树窗口中列出了系统提供的 8 个默认图层，介绍如下。

- 【01_PAT_ALL_DTM_PLN】：该图层放置零件上的所有基准平面。
- 【01_PAT_DEF_DTM_PLN】：该图层放置零件上系统定义的默认基准平面。
- 【02_PAT_ALL_AXES】：该图层放置零件上的所有基准轴线。
- 【03_PAT_ALL_CURVES】：该图层放置零件上的所有基准曲线。
- 【04_PAT_ALL_DTM_PNT】：该图层放置零件上的所有基准点。
- 【05_PAT_ALL_DTM_CSYS】：该图层放置零件上的所有坐标系。
- 【05_PAT_DEF_DTM_CSYS】：该图层放置零件上的系统定义的默认坐标系。
- 【06_PAT_ALL_SURFS】：该图层放置零件上的所有曲面特征。

单击图层前面的 ▶ 按钮，可以展开图层中放置的内容。

2. 图层的操作

使用图层可以方便地管理其上放置的项目。用户可以向图层中添加不同的项目，也可以从选定的图层中删除项目，此外还可以隐藏图层中的项目。

在【层树】窗口中的任一图层上单击鼠标右键，弹出图 1-36 所示的快捷菜单，该菜单提供了图层中的常用操作，其中常用选项的含义如下。

- 【隐藏】：隐藏选定图层，重画视图后其上放置的对象将不可见。
- 【新建层】：用户新建图层。
- 【删除层】：删除指定的图层。
- 【重命名】：重命名选定的图层。
- 【层属性】：系统弹出【层属性】对话框，该对话框用于向图层中添加或删除项目。
- 【复制项】：复制图层中的所有项目。
- 【粘贴项】：在指定图层上粘贴复制的项目。
- 【选择层】：选取该图层。
- 【层信息】：系统使用信息窗口显示选定图层的信息。
- 【搜索】：打开【搜索】对话框搜索符合要求的图层。
- 【保存状况】：保存图层设置状态。
- 【重置状况】：重新设置图层状态。

下面介绍图层的几种常用操作。

图 1-36　快捷菜单

（1）新建图层

在图 1-36 所示的快捷菜单中选取【新建层】命令，弹出图 1-37 所示的【层属性】对话框，在【名称】文本框中可以为图层设置一个便于记忆的名称，在【层标识】文本框中可以为图层设置一个图层标识 ID。

（2）向图层中添加或删除项目。

在【内容】选项卡中单击 包括... 按钮后，可以在模型树或实体模型上选取对象并将其加入到该图层。同时也可以单击选取层树中已有的图层，将其作为新建图层的嵌套子图层加入其中。

单击 排除... 按钮后，从列表框中选取项目可将其从层中排除，但是该项目仍将显示在项目列表中，还可以随时被重新加入。但是如果单击 移除 按钮，则将其从项目列表中删除，如图 1-38 所示。

图 1-37 【层属性】对话框（1）　　　　　　图 1-38 【层属性】对话框（2）

（3）显示或隐藏图层中的项目

图层的一个重要用途就是用来管理其上项目的显示状态，用户可以根据需要隐藏和重新显示其上放置的项目。隐藏图层的操作比较简单，在指定图层上单击鼠标右键，在快捷菜单中选取【隐藏】命令即可，隐藏的图层其标识前面的图标为灰色。

在隐藏的图层上单击鼠标右键，在弹出的快捷菜单中将增加【取消隐藏】命令，选取该命令可以取消对图层的隐藏，重新显示图层上放置的项目。

 要点提示

如果同一个对象被放置到多个图层中，并且这些图层被分别设置为不同的显示状态，则只有所有图层都设置为"显示"时，该对象才可见，只要一个图层上设置为"隐藏"状态，该图层即不可见。

（4）保存图层设置文件

将选定对象放置到特定图层，并设置了图层的显示状态后，如果希望下次打开模型时仍然保留这些图层状态，就必须保存图层的设置信息。在任意图层上单击鼠标右键，在弹出的快捷菜单中选取【保存状况】命令即可。选取【重置状况】命令可以恢复保存操作前的状态。如果保存图层状态后，图层设置并未发生改变，这两个命令将不可用。

1.3.2　范例解析——过滤器和图层的应用

下面结合实例介绍过滤器和图层的用法。

（1）选择菜单命令【文件】/【打开】，打开素材文件"\第 1 章\素材\lucky.prt.3"，这是一个六角幸运星模型，如图 1-39 所示。

 要点提示

模型上有许多基准曲线，这些基准曲线在设计完成后已经结束了其历史使命，需要将其隐藏起来。如果逐一选取这些对象，既繁琐又容易出错。这时可以借助过滤器来操作，非常简便。

（2）在模型树窗口顶部右侧的下拉菜单中选取【层树】选项，可以展开层树窗口。

（3）在图层管理器窗口中的任意位置单击鼠标右键，在弹出的快捷菜单中选取【新建层】命令，如图 1-40 所示，同时打开【层属性】对话框。

图 1-39　六角幸运星模型

图 1-40　新建图层

（4）在界面底部的过滤器菜单中选择【曲线】选项，如图 1-41 所示，这样在模型上只能选中曲线特征，其他对象都被滤去。

（5）按住鼠标左键框选整个模型，则所有曲线被选中，如图 1-42 所示。同时这些被选中的对象将被加入【层属性】对话框中，如图 1-43 所示。

（6）在界面底部的过滤器菜单中选择【基准平面】选项，按住鼠标左键框选整个模型，则所有基准平面被选中，如图 1-44 所示，并且被加入【层属性】对话框中。

图 1-41　使用过滤器

图 1-42　选中全部曲线

（7）使用同样的方法把坐标系加入到【层属性】对话框中，最后单击 确定(O) 按钮。

图 1-43 【层属性】对话框

图 1-44 选中基准平面

（8）在模型树中的新建图层上单击鼠标右键，在弹出的快捷菜单中选取【隐藏】命令，隐藏图层上的全部要素。

（9）滚动鼠标中键适当刷新视图，可以看到模型上的所有曲线都已经隐藏起来了，如图 1-45 所示。

图 1-45 隐藏图层后的结果

要点提示

使用过滤器可以滤去模型上的大部分对象，通常在需要选定对象时启用，以缩小选择范围。在选定一类对象后，还可以把不需要的部分对象排除在外。过滤器列表中的项目种类和数量在不同设计环境下也会有所差异。

1.4 小结

随着 CAD 技术的进步和成熟，CAD 软件的发展日新月异，从早期的二维模型到当今的三维实体模型乃至产品模型，CAD 技术历经了多次技术革命，其中以特征造型、参数化设计思想最引人注目。Creo 作为参数化设计软件的典型代表，其功能强大，应用广泛。Creo 3.0 与早期版本相比，在强化了设计功能的同时，进一步改善了用户界面，使之更加友好，更加人性化和智能化。通过本章的学习，读者应该重点领会 Creo 的典型设计思想，特别要理解实体建模、特征造型以及参数化设计等先进设计理念的基本原理，为以后的深入学习打下必需的理论基础。

Creo 3.0 用户界面包含设计功能区、模型树窗口、绘图窗口、资源导航区以及系统信息栏等组成部分。其中，设计功能区中提供了大量设计工具和命令，用于完成各种设计操作。模型树窗口用于展示模型的特征构成，并为模型的编辑提供入口；资源导航区用于管理设计中的基本资源，包括本地资源和远程网络资源。

Creo 是一个功能强大的集成软件系统，由于用户的使用情况千差万别，在学习和使用的过程中难免会遇到困难，这时应该多向有经验的用户请教。Creo 是实用性很强的软件，只有在设计实践中才能熟练掌握软件的使用。一些重要操作以及高级功能还需要读者在实践中逐渐体会和探索。只有反复实践，才能真正得心应手地使用软件。

1.5 习题

1. 简述 Creo 系统的特点。
2. 什么是 CAD? 什么是 CAM? 这些技术对现代生产具有怎样的作用?
3. 什么是特征? 为什么说特征是模型的基本单位?
4. 简述参数化建模的基本原理。
5. 使用 Creo 进行设计时，怎样才能方便地变更模型的形状和大小?
6. 使用 Creo 能够完成哪些设计工作?
7. 模型有哪 4 种显示方式? 各有何特点?
8. 动手练习并熟悉软件的操作界面。

Chapter

2

第 2 章
绘制二维图形

　　二维平面设计与三维空间设计相辅相成。Creo 的二维设计中蕴涵的尺寸驱动、关系以及约束等设计思想在现代设计中具有重要的地位。二维设计和三维设计密不可分，用户只有熟练掌握了二维草绘设计工具的用法，才能在三维造型设计中游刃有余。

学习目标

- 明确二维绘图环境及其设置方法。

- 掌握常用二维绘图工具的用法。

- 掌握二维图形常用编辑工具的用法。

- 理解约束的概念及其应用。

- 掌握绘制复杂二维图形的一般
  流程和技巧。

2.1　创建二维图形的基本原理

　　Creo 提供了一个良好的二维环境，可以帮助设计者高效率地绘制出高质量的二维图形。设计工作开始之前，我们来熟悉一下相关的设计知识。

2.1.1　知识准备

1．二维设计环境

　　在快速启动工具栏中单击 □ 按钮，打开【新建】对话框，选取【草绘】单选项，如图 2-1 所示。单击 确定 按钮，即可进入二维草绘环境，如图 2-2 所示。

图 2-1　【新建】对话框

图 2-2　二维设计环境

Creo 的二维绘图环境主要包括以下内容。

- 二维绘图功能区：绘图时使用的主要工具集，包括【文件】功能区、【草绘】功能区、【分析】功能区、【工具】功能区和【视图】功能区。
- 文件浏览器：展开其中的文件树结构可以随时和外界进行文件交互。
- 系统信息栏：显示设计过程中系统输出的信息及其历史记录。
- 二维绘图窗口：用来显示当前绘制的图形，是设计的舞台。
- 过滤器：过滤图形上不同种类的图素，如几何、尺寸和约束等。

要点提示

对于具有滚轮的三键鼠标，滚动滚轮可以缩小或放大视图，按住鼠标中键移动鼠标光标可以移动视图。

【草绘】功能区中汇集了草绘时需要使用的主要工具，包括选择工具、绘图工具以及编辑工具等。其中，带有▶按钮的为组合工具，单击该按钮可以展开工具包。

- 【设置】工具组：用来对绘图环境进行设置，如是否显示栅格等。
- 【获取数据】工具组：用来导入外部数据绘图。
- 【操作】工具组：用来实现剪切、复制及选择等基本操作。
- 【草绘】工具组：汇集了二维草绘的主要工具，可以用来绘制直线、圆、样条、中心线以及文本等各类二维图形。
- 【编辑】工具组：汇集了【修改】、【分割】以及【镜像】等编辑工具。
- 【约束】工具组：汇集了各类约束工具，用户可以在选定图元间添加约束条件。
- 【尺寸】工具组：用于在图形上标注和修改尺寸。
- 【检查】工具组：用于实现图形上的各项检查功能。

2. 二维图形的组成

一幅完整的二维图形包括几何因素、约束和尺寸 3 种图形元素，如图 2-3 所示。

（1）几何图素

几何图素是组成图形的基本单元，由【草绘】工具组中的绘图工具绘制而成，主要类型包括直线、圆、圆弧、矩形以及样条线等。几何图素中还包括了可以单独编辑的下层对象，如线段的端点、圆弧的圆心和端点以及样条曲线的控制点等，如图 2-4 所示。

图 2-3　二维图形　　　　　　　　　　　　　　图 2-4　几何图素

几何图素是二维图形最核心的组成部分。当由二维图形创建三维模型时，二维图形的几何图素直接决定了三维模型的形状和轮廓。

（2）约束

约束是施加在一个或一组图元之间的一种制约关系，从而在这些图元之间建立关联。例如图 2-5 中的 "H" 表示线段水平，"L_1" 表示两线段等长，"//" 表示两线段平行。合理地使用约束会大大简化设计方法，提高设计效率。

（3）尺寸

尺寸是对图形的定量标注，通过尺寸可以明确图形的形状、大小以及图元之间的相互位置关系。由于 Creo 采用"尺寸驱动"作为核心设计思想，因此尺寸的作用远不止于此，通过尺寸和约束的联合作用，可以更加便捷地规范图形形状，如图 2-6 所示。

图 2-5 约束　　　　　　　　　　　　　　　　图 2-6 尺寸

要 点 提 示

在【视图】功能区的【显示】工具组中有一组按钮可以关闭或开启这些图形元素。按钮用于开启和关闭约束显示（按下时显示，弹起时关闭），按钮用于开启和关闭尺寸显示。

3. 二维与三维的关系

在 Creo 设计中，单纯绘制并使用二维图形的情况并不多见，更多的是使用二维绘图方法来创建三维图形的截面图，这一过程在三维建模中称为"二维草绘"。

（1）截面图

截面也称剖面，是指模型被与轴线正交的平面剖切后的横截面。根据三维实体建模原理，三维模型一般是由具有确定形状的二维图形沿着轨迹运动生成或者将一组截面依次相连生成的。

（2）三维建模原理

三维建模的基础工作就是绘制符合设计要求的截面图，然后使用软件提供的基本建模方法来创建模型。如图 2-7 的截面，将其沿着与截面垂直的方向拉伸即可创建图 2-8 所示的三维模型。

4. 尺寸驱动和约束原理

在绘制由线条组成的二维图形时，用户通常会遇到不少麻烦。例如，在绘图过程中出现了错误怎样修正，是不是需要使用"橡皮擦"擦掉重画？在绘制一条长度为 10mm 或角度为 35° 的线段时，是否需要精确保证这些尺寸？怎样简便地绘制出两条平行且等长的线段？

学习完 2.1.2 小节的工程实例后再回过头来思考这些问题。

图 2-7 二维图形

图 2-8 三维模型

2.1.2 范例解析——绘制正五边形

下面将通过 Creo 的尺寸驱动思想和约束来绘制一个正五边形。

1. 新建文件

（1）在快速访问工具栏中单击□按钮，打开【新建】对话框。

（2）在【类型】分组框中选择【草绘】单选项。

（3）输入图形名称"wubx"后单击 确定 按钮，进入草绘设计环境。

微课 1
绘制正五边形

2. 设置绘图环境

（1）选择菜单命令【文件】/【选项】，打开【PTC Creo Parametric 选项】面板，在左侧列表中选择【草绘器】选项，在右侧的【对象显示设置】列表中取消选中【显示弱尺寸】复选项，这样在绘图时将不会显示系统自己创建的尺寸，确保图面整洁。

（2）在【视图】功能区的【显示】工具组中按下 按钮，以便在图形上显示标注的尺寸；按下 按钮，以便显示标注的约束符号。

3. 绘制草绘曲线

在【草绘】工具组中单击 线按钮，随意绘制一个五边形图案，结果如图 2-9 所示。

4. 添加等长约束

（1）在【约束】工具组中单击 相等按钮，依次单击图 2-10 所示的线段 1 和线段 2，在两者之间添加等长约束条件，使其等长。

图 2-9 绘制五边形

图 2-10 添加约束（1）

（2）依次单击线段 2 和线段 3，在两者之间添加等长约束条件，结果如图 2-11 所示。

（3）使用相同的方法在线段 3 和线段 4 之间添加等长约束条件，结果如图 2-12 所示。

图 2-11　添加约束（2）　　　　　　　　图 2-12　添加约束（3）

（4）在线段 4 和线段 5 之间添加等长约束条件，结果如图 2-13 所示。

要点提示

图中显示的标记"L₁"表示这两条线段的长度相等。

5. 标注并修改尺寸

（1）在【尺寸】工具组中单击 （法向）按钮，按照图 2-14 所示的步骤标注角度尺寸，结果如图 2-15 所示。

图 2-13　添加约束　　　　　　　　　　图 2-14　标注尺寸（1）

（2）按照同样的方法标注图 2-16 所示的角度尺寸。

图 2-15　标注尺寸（2）　　　　　　　　图 2-16　标注尺寸（3）

（3）在第一处角度尺寸数字上双击鼠标左键，然后将尺寸数值改为"108"，回车确认后结果如图 2-17 所示。

（4）使用类似方法修改另一个角度尺寸为"108"，结果如图 2-18 所示。

图 2-17　修改角度数值（1）

图 2-18　修改角度数值（2）

6. 完善图形

（1）在【约束】工具组中单击 十水平 按钮，然后选择图 2-19 所示的线段，使该线段处于水平状态，结果如图 2-20 所示。

图 2-19　选取边线

图 2-20　添加水平约束

（2）在【尺寸】工具组中单击 ↔（法向）按钮，选中水平线段，在其下方单击鼠标中键，标注一个边长尺寸，如图 2-21 所示。

（3）双击边长尺寸，将其数值修改为"100"。

至此，一个边长为 100 且正向放置的多边形就创建完成了，结果如图 2-22 所示。

图 2-21　标注尺寸

图 2-22　修改尺寸

要点提示

通过上例可以看出，尺寸驱动和约束增强了设计的智能化。用户只需要将设计目的以"尺寸"或者"约束"等指令格式交给系统，系统就能够严格按照这些条件创建出准确的图形。这不但减轻了设计者的负担，还提高了设计效率，保证了设计的准确性。

2.2　创建和编辑二维图形

学习二维绘图的核心是掌握各种绘图工具和编辑工具的用法，并能在设计过程中灵活选择正确的工具来绘制图形。

2.2.1　知识准备

1．创建基本图元

一幅完整的二维图形是由一组直线、圆弧、圆、矩形以及样条线等基本图元组成的。这些图元可以分别使用不同的工具来创建。

（1）创建直线

直线的绘制方法最为简单，通过两点即可绘制一条线段。首先确定线段的起点，然后确定线段的终点，最后单击鼠标中键结束图形绘制。

在【草绘】工具组中单击 ✓线▼ 按钮右侧的下拉按钮，即可查看所有的直线工具。

- ✓线链：最基本的设计工具，经过两点绘制线段。依次单击两点确定一条直线，可以连续单击点绘制折线，最后单击鼠标中键结束绘制。

- ✕直线相切：绘制与两个对象相切的直线。依次选中两段圆（圆弧）或曲线，即可绘制与这两个对象均相切的直线。

 要点提示

绘图时，在【草绘】工具组左侧按下 ◎（构造模式）按钮，则所绘线条为构造线，显示为虚线状态，构造线通常用来作辅助线使用。

图 2-23 所示为 3 种直线的示例。

图 2-23　创建直线示例

（2）创建圆

完全确定一个圆只要圆心和半径参数就足够了，但在实际设计中往往通过图形之间的相互关系来绘图。

在【草绘】工具组中单击 ⊙圆▾ 按钮右侧的下拉按钮，即可查看所有的圆工具。

- ⊙ 圆心和点 ：根据圆心和圆外一点（半径）画圆。首先选取一点作为圆心，再选取一点确定圆的半径。

- ◎ 同心 ：绘制与已知圆同心的圆。首先选取一个已有圆，确定圆心，再选取一点确定圆的半径。

- ◌ 3点 ：经过圆上的 3 点来绘制圆。依次选取 3 点确定圆。

- ○ 3 相切 ：绘制与 3 个对象相切的圆。依次选取 3 个对象（圆弧或曲线），绘制与之均相切的圆。

图 2-24 所示为 4 种圆的示例。

图 2-24　创建圆示例

（3）创建矩形

在【草绘】工具组中单击 ◇矩形▾ 按钮右侧的下拉按钮，即可查看所有的矩形工具。

- ▢ 拐角矩形 ：依次选取两点作为矩形的两个对角点创建矩形。

- ◇ 斜矩形 ：依次选取两点确定边长，创建倾斜的矩形。

- ▣ 中心矩形 ：首先选取一点作为矩形中心，再选取一点作为矩形的一个角点。

- ▱ 平行四边形 ：依次选取两点确定边长，创建平行四边形。

图 2-25 所示为各种矩形示例。

图 2-25　创建矩形示例

（4）创建圆弧

绘制圆弧时需要指定圆心和半径这两个参数，由于圆弧实际上是圆的一部分，因此还需要确定其起点和终点。

在【草绘】工具组中单击 🗥弧 ▼ 按钮右侧的下拉按钮，即可查看所有的圆弧工具。

- ⌒ 3点/相切端 ：指定 3 点（依次为起点、终点和弧上一点）创建圆弧。也可以选取已有圆弧的端点继续创建圆弧，这时只要再指定圆弧的另一端点即可，两圆弧在连接端点处相切。
- ⌒ 圆心和端点 ：指定圆心和半径绘制一个圆，然后在其上指定两个端点确定一段圆弧。
- ⅄ 3 相切 ：创建与 3 个图元均相切的圆弧。
- ⌇ 同心 ：创建与已有圆弧同心的圆弧。
- ⌔ 圆锥 ：指定两点和弧上一点创建锥圆弧。

采用以上工具创建的圆弧示例如图 2-26 所示。

图 2-26　创建圆弧示例

（5）创建圆角

连接两个图元时，在交点处除了可采用尖角连接外，还可以使用圆弧连接，这样的图形更为美观，通过这样的二维图形创建的三维模型可以省去创建倒圆角特征的步骤。

在【草绘】工具组中单击 ⌐ 圆角 ▼ 按钮右侧的下拉按钮，即可查看所有的圆角工具。

- ⌐ 圆形 ：在两个相交图元上各选取一点，在相交处创建圆角。创建完成后，顶角处转换为构造线。圆角大小由单击点距离顶点的长度决定。
- ⌐ 圆形修剪 ：在两个相交图元上各选取一点，在相交处创建圆角。创建完成后，顶角处多余线段将被删除。
- ⌐ 椭圆形 ：在两个相交图元上各选取一点，在相交处创建椭圆角。创建完成后，顶角处转换为构造线。
- ⌐ 椭圆形修剪 ：在两个相交图元上各选取一点，在相交处创建椭圆角。创建完成后，顶角处多余线段将被删除。

图 2-27 所示为各种圆角示例。

（6）创建倒角

与圆角不同，倒角是在两条相交直线之间建立切角。在【草绘】工具组中单击 ⌐ 倒角 ▼ 按钮右侧的下拉按钮，有以下两个倒角工具。

图 2-27　创建圆角示例

- <kbd>倒角</kbd>：在两个相交图元上各选取一点，在相交处创建切角。创建完成后，顶角处转换为构造线。切角大小由单击点距离顶点的长度决定。
- <kbd>倒角修剪</kbd>：在两个相交图元上各选取一点，在相交处创建切角，创建完成后，顶角处的多余线段将被删除。

图 2-28 所示为两种倒角效果示例。

图 2-28　创建倒角示例

（7）创建样条线

样条线是一条具有多个控制点的平滑曲线，其最大的特点是可以随意进行形状设计，在曲线绘制完成后还可以通过编辑方法修改曲线形状。

① 绘制样条线。在【草绘】工具组中单击 <kbd>样条</kbd> 按钮，然后依次单击样条曲线经过的控制点，最后单击鼠标中键，完成图形的绘制，结果如图 2-29 所示。

图 2-29　绘制样条线

② 编辑样条线。样条曲线绘制完成后，最简单的修改方式是按住鼠标左键拖动曲线上的控制点来调整曲线的外形，如图 2-30 所示。

图 2-30　编辑样条线

（8）创建中心线、点和坐标系

中心线通常用作对称基准线，用【草绘】工具组中的 中心线 工具创建；点可以作为曲线设计的参照，用【草绘】工具组中的 × 点 工具创建；坐标系可以作为定位参照，用【草绘】工具组中的 坐标系 工具创建，相关示例如图 2-31 所示。

图 2-31　创建中心线、点和坐标系

（9）创建文字

单击【草绘】工具组中的 文本 按钮，首先选取文本行的起点，再选取一点以确定文本高度和方向。

① 创建文字。在图 2-32 所示的【文本】对话框中确定文字的属性——字体、间距以及比例等，接着输入文本内容创建文字，最后修改文本高度线的尺寸，调节文本大小。

图 2-32　【文本】对话框

注意对文字方向的理解，如果从起始点开始向上确定第二点，这时创建文字的效果如图 2-33 所示；如果从起始点开始向下确定第二点，这时创建文字的效果如图 2-34 所示。

图 2-33　文本效果（1）　　　　　　　　　图 2-34　文本效果（2）

② 沿着曲线放置文字。在【文本】对话框中选取【沿曲线放置】复选项，然后选取参照曲线，可以将文字沿着该曲线放置。通常选取事先创建好的样条曲线或基准曲线作为参照曲线，如图 2-35 所示。单击 按钮可以调整文本放置方向，如图 2-36 所示。

图 2-35 沿曲线放置文本（1）　　　　　　　图 2-36 沿曲线放置文本（2）

③ 修改文字。如果需要修改已经创建的文字，可以使用以下两种方法。

● 双击已创建的文字，打开【文本】对话框，重新设置文本参数。

● 在【编辑】工具组中单击 修改 按钮，然后选取要编辑的文字，打开【文本】对话框，重新设置文本参数。

（10）创建图案

在【草绘】工具组中单击 选项板 按钮，打开【草绘器调色板】对话框，如图 2-37 所示。该对话框提供了【多边形】、【轮廓】、【形状】和【星形】4 种类型的图案，利用它们可以简单快捷地绘制形状规则且对称的图形。

选中图案类别后，在下方的形状列表中双击需要绘制的图案，待鼠标光标变为 形状后，在设计界面中拖动即可绘制图形，拖动图形上的调节句柄可以缩放和旋转图形，如图 2-38 所示，用户也可以在顶部工具栏中输入参数精确调整图形。

图 2-37 【草绘器调色板】对话框

图 2-38 调整图形

各种图案的示例如图 2-39 所示。

图 2-39 创建图案示例

2. 编辑图元

使用基本工具创建的图元并不一定正好符合设计要求，有时需要对它们进行截断和修剪等操作。

（1）修改工具

【编辑】工具组中的 ⫧修改 工具可以用来修改图形、文本以及标注尺寸。选取需要修改的对象后，将打开相应的设计参数修改对话框或文本输入框。

（2）删除段工具

在绘制二维图形时，所有图线在相交处被截断，如果要删除某一线段，在【编辑】工具组中单击 ⫧删除段 按钮，再依次选取要删除的线段即可。可以使用鼠标光标拖动画出轨迹线，凡与轨迹线相交的线条都会被删除，如图2-40和图2-41所示。

图2-40　选取删除段　　　　　　　　　　　图2-41　删除结果

（3）拐角工具

使用拐角工具可以将两图元在相交处进行裁剪。在【编辑】工具组中单击 ⫧拐角 按钮，选取两相交图元上的任意线段，则可以裁剪掉交点处另一侧的图元，如图2-42和图2-43所示。

图2-42　选取编辑对象（1）　　　　　　　　图2-43　拐角结果（1）

如果两图元没有交点，单击 ⫧拐角 按钮，再依次选取两参照边后，则可以将其分别延伸到交点处，如图2-44和图2-45所示。

图2-44　选取编辑对象（2）　　　　　　　　图2-45　拐角结果（2）

（4）镜像工具

在创建具有对称结构的二维图形时，可以先绘制图形的一半，然后通过镜像的方法创建另一半。首先选取镜像对象，然后在【编辑】工具组中单击 ⫧镜像 按钮，最后选取一条中心线作为参照，即可得到镜像结果，如图 2-46 和图 2-47 所示。

图 2-46 选取镜像对象和参照　　　　图 2-47 镜像结果

（5）旋转调整大小

选定图元后，在【编辑】工具组中单击 旋转调整大小 按钮，可以调整对象的大小和旋转角度，此时图上将出现 3 个控制句柄，如图 2-48 所示。拖动这些句柄可以分别实现移动、旋转和缩放图形的操作，结果如图 2-49 所示。

图 2-48 显示调节句柄　　　　图 2-49 调节结果

如果要精确缩放和旋转图形，可以在图 2-50 所示的对话框中输入参数进行操作。

使用参照移动对象　输入水平尺寸　输入竖直尺寸　使用参照旋转对象　输入旋转角度　输入缩放比例

图 2-50 输入参数精确调整对象

3. 使用约束

约束工具用于按照特定的要求规范一个或多个图元的形状和相互关系，从而建立图元之间的内在联系。【约束】工具组中放置有 9 种约束工具。

（1）约束的种类

激活一种约束工具后，选取约束施加的对象，即可在该对象或选定对象之间建立指定的约束关系。

● 竖直：竖直约束。让选中的图元处于竖直状态，如图 2-51 所示。
● 水平：水平约束。让选中的图元处于水平状态，如图 2-52 所示。

图 2-51　竖直约束示例

图 2-52　水平约束示例

- ⊥垂直：垂直约束。让选中的两个图元处于垂直状态，如图 2-53 所示。
- ✓相切：相切约束。让选中的两个图元处于相切状态，如图 2-54 所示。

图 2-53　垂直约束示例

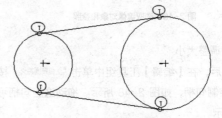

图 2-54　相切约束示例

- ✎中点：中点约束。将点置于线段中央，如图 2-55 所示。
- →重合：重合约束。将选定的两点对齐在一起或将点放置到直线上，或者将两条直线对齐，如图 2-56 所示。

图 2-55　中点约束示例

图 2-56　重合约束示例

- ✛对称：对称约束。将选定的图元关于参照（如中心线等）对称布置，如图 2-57 所示。
- ＝相等：相等约束。使两条直线或者圆（弧）图元之间具有相同长度或相等半径，如图 2-58 和图 2-59 所示。

图 2-57　对称约束示例

图 2-58　相等约束（1）

- ∥平行：平行约束。使两个图元相互平行，如图 2-60 所示。

图2-59 相等约束（2）

图2-60 平行约束

 要点提示

在【视图】功能区的【显示】工具组中单击 按钮，则在图形上显示相应的约束符号，再次单击，则可以关闭约束符号的显示。

（2）约束冲突及解决

在以下 3 种情况下会产生约束之间以及约束和标注尺寸之间的冲突。

● 标注尺寸时出现了封闭尺寸链。

● 标注约束时，在同一个图元上同时施加了相互矛盾的多个约束。

● 尺寸标注和约束对图元具有相同的约束效果。

一旦出现了约束冲突，系统会打开图 2-61 所示的【解决草绘】对话框让设计者解决。

图2-61 【解决草绘】对话框

通常的做法是，直接单击 删除(D) 按钮，删除当前添加的约束，或者从约束或尺寸列表中选取一个对象将其删除。

当标注尺寸发生冲突时，可以单击 尺寸 > 参照(R) 按钮，将选取的尺寸转换为参考尺寸，这样该尺寸仅仅作为设计参考使用，不具有尺寸驱动的效力。

4. 尺寸标注

尺寸标注是绘制二维图形过程中不可缺少的步骤之一，通过尺寸标注可以定量获得图形的具体参数，还可以修改图形尺寸，然后使用"尺寸驱动"方式再生图形。

（1）弱尺寸和强尺寸

弱尺寸是指在绘制图形后，系统自动标注的尺寸。创建弱尺寸时，系统不会给出相关的提示信息。同时，当用户创建的尺寸与弱尺寸发生冲突时，系统将自动删除冲突的弱尺寸，在实施删除操作时不会给出警告信息。弱尺寸通常显示为较浅的颜色。

与之对应的强尺寸是指用户使用尺寸标注工具标注的尺寸。系统对强尺寸具有保护措施，不会擅自删除，当遇到尺寸冲突时总是提醒设计者自行解决。强尺寸通常显示为较深的颜色。

要点提示

图形上显示过多的弱尺寸会让图形显得非常杂乱，如果要关闭弱尺寸显示，可以选择菜单命令【文件】/【选项】，打开【选项】面板，然后在左侧列表中选择【草绘器】，再在右侧的【对象显示设置】列表中取消选中【显示弱尺寸】选项。

（2）标注线性尺寸

在绘图过程中，使用【尺寸】工具组中的工具可以完成各种类型的尺寸标注。在这些尺寸中，线性尺寸最为常见。标注线性尺寸需要先在【尺寸】工具组中单击 ↔（法向）按钮。

线性尺寸的主要类型和标注方法如下。

- 线段长度：单击该线段，在放置尺寸的位置处单击鼠标中键，如图2-62所示。
- 两点间距：选中两点，在放置尺寸的位置处单击鼠标中键，如图2-63所示。

图2-62 标注线段长度　　　　　　　　　图2-63 标注两点间距

- 平行线间距：选中两条直线，在放置尺寸位置处单击鼠标中键，如图2-64所示。
- 点到直线的距离：先选取点，再选中直线，然后在放置尺寸的位置处单击鼠标中键，如图2-65所示。

图2-64 标注两平行线间距　　　　　　　图2-65 标注点到直线的距离

- 两个圆或圆弧的距离：既可以标注两条水平切线之间的距离，也可以标注两条竖直切线之间的距离，如图2-66和图2-67所示。

图 2-66 两个圆或圆弧的距离（1）　　　　　图 2-67 两个圆或圆弧的距离（2）

（3）标注直径和半径尺寸

对于圆（圆弧）来说，既可以标注其直径尺寸，也可以标注其半径尺寸，主要依据设计需要而定。标注直径或半径尺寸需要先在【尺寸】工具组中单击 ↔（法向）按钮。

- 标注直径尺寸：在需要标注直径尺寸的圆（圆弧）上双击鼠标左键，然后在放置尺寸的位置处单击鼠标中键，如图 2-68 所示。
- 标注半径尺寸：在需要标注半径尺寸的圆（圆弧）上单击鼠标左键，然后在放置尺寸的位置处单击鼠标中键，如图 2-69 所示。

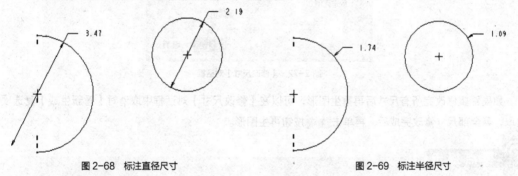

图 2-68 标注直径尺寸　　　　　　　图 2-69 标注半径尺寸

（4）标注角度尺寸或弧长

要标注两个图元围成的角度尺寸，需要先在【尺寸】工具组中单击 ↔（法向）按钮，然后可以使用以下两种方法标注。

- 标注两条相交直线的夹角：单击鼠标左键依次选取需要标注角度尺寸的两条直线，然后在放置尺寸的位置处单击鼠标中键，如图 2-70 所示。
- 标注弧长：首先选取圆弧起点，然后选取圆弧终点，再选取圆弧本身，最后在放置尺寸的位置处单击鼠标中键，如图 2-71 所示。

图 2-70 标注两条相交直线的夹角　　　　　图 2-71 标注弧长

（5）修改尺寸

根据尺寸驱动理论，当对图形完成尺寸标注后，可以通过修改尺寸数值的方法来修正设计意图，系统将根据新的尺寸再生设计结果。

① 修改单个尺寸。直接双击该尺寸（强尺寸或弱尺寸），打开输入文本框，在其中输入新的尺寸数值后，系统立即使用该数值再生图形，重新获得新的设计结果。

② 修改一组尺寸。使用上一种方法修改单个尺寸后，系统会立即再生尺寸。如果对该尺寸的修改比例太大，再生后的图形会严重变形，不便于对其进行进一步操作。这时可以使用【编辑】工具组中的 修改 工具来修改尺寸。

选中需要修改的单个尺寸或一组尺寸（选中多个尺寸时按住 Ctrl 键），然后在【编辑】工具组中单击 修改 按钮，打开【修改尺寸】对话框，如图 2-72 所示，在顶部列表框中依次修改选定的尺寸即可，当前选定的尺寸会在图形上的对应尺寸上加边框以突出显示。用户也可以调节文本框右侧的旋钮来修改尺寸。

图 2-72 【修改尺寸】对话框

如果希望修改完所有尺寸后再重生图形，可以在【修改尺寸】对话框中取消对【重新生成】复选项的选取，等全部尺寸修改完成后，再单击 确定 按钮再生图形。

 要点提示

锁定比例主要针对同一种类型的尺寸，修改某一个线性尺寸后，拟被修改的所有线性尺寸都以同样的比例修改；修改某一个角度尺寸后，拟被修改的所有角度尺寸也都以同样的比例修改。

2.2.2 范例解析——绘制对称图形

本例将绘制图 2-73 所示的图形，该图形左右对称，绘图时综合应用了直线、矩形、圆、圆弧等工具以及相等、相切等约束条件。通过对本例的学习，读者可以初步总结出使用 Creo 3.0 绘制二维图形的基本设计要领。

1. 新建文件

（1）在快速访问工具栏中单击 按钮，打开【新建】对话框。

（2）在【类型】分组框中选择【草绘】单选项，输入零件名称"duichen"，单击 确定 按钮，进入草绘环境。

图 2-73 绘制对称图形

2. 绘制中心线

在【草绘】工具组中单击 [中心线] 按钮，绘制一条水平中心线和一条竖直中心线，如图 2-74 所示。

3. 绘制带圆角的矩形

（1）在【草绘】工具组中单击 [□矩形] 按钮，绘制一个矩形，然后标注并修改尺寸，结果如图 2-75 所示。

图 2-74 绘制中心线   图 2-75 绘制矩形

（2）在【草绘】工具组中单击 [⌐圆角] 按钮右侧的下拉按钮，然后选中 [⌐ 圆形修剪] 工具，依次单击矩形的两条边线，在 4 个角点处创建圆角。

（3）修改其中一个圆角尺寸，再在这 4 个圆角之间加入"相等"（等半径）约束条件，结果如图 2-76 所示。

微课 2-1
绘制对称图形 1

图 2-76 绘制圆角

（4）选取水平中心线，按照图 2-77 所示选取参照，在图形和该中心线之间加入对称约束条件，使用类似的方法在图形与竖直中心线之间添加对称约束。

2. 选取该点

1. 选取中心线

3. 选取该点

图 2-77 在图形上添加对称约束

4．绘制圆并镜像复制图形

（1）按照图 2-78 所示绘制第 1 个圆并标注尺寸。

图 2-78　绘制圆

（2）绘制第 2 个圆，标注并修改尺寸后，添加相切约束条件使该圆同时相切于矩形右边线以及第 1 个圆，如图 2-79 所示。

图 2-79　绘制相切圆

🎯 **要 点 提 示**

绘图时，可以先在任意位置绘制圆，然后使用"相切"约束工具来准确放置该圆。创建相切约束时，依次选取相切的两个对象即可。

（3）在【编辑】工具组中单击 删除段 按钮，使用修剪工具修改右侧的图元，保留图 2-80 所示的结果。

（4）按住 Ctrl 键选取图 2-80 中的两段图元，然后在【编辑】工具组中单击 镜像 按钮，再选取水平中心线镜像图形，最后修剪掉多余图元，结果如图 2-81 所示。

图 2-80　裁剪图元　　　　　　　　　　　　图 2-81　镜像复制图元（1）

（5）使用类似方法继续镜像复制图元，修剪掉多余图元后，结果如图 2-82 所示。

微课 2-2
绘制对称图形 2

图 2-82　镜像复制图元（2）

5. 绘制一组线段

（1）以中心线的交线为圆心绘制圆，并修改圆尺寸，结果如图 2-83 所示。

图 2-83　绘制圆

（2）在【草绘】工具组中单击 线 按钮，绘制直线并标注尺寸，结果如图 2-84 所示。

图 2-84　绘制直线

（3）以水平中心线为参照镜像复制直线，结果如图 2-85 所示。

（4）在【草绘】工具组中单击 弧 按钮，绘制半圆弧，结果如图 2-86 所示。

图 2-85　镜像复制直线　　　　　　　　　　图 2-86　绘制半圆弧

（5）以竖直中心线为参照，镜像复制前面创建的直线和圆弧，结果如图 2-87 所示。

（6）绘制图 2-88 所示的 3 条线段并标注尺寸，然后在新绘制图形与竖直中心线之间添加对称约束条件。

图 2-87　镜像复制图形（1）　　　　　　　　图 2-88　绘制线段

（7）以水平中心线为参照，镜像复制前一步创建的图形，结果如图 2-89 所示。

（8）裁去图形上多余的线条，结果如图 2-90 所示。

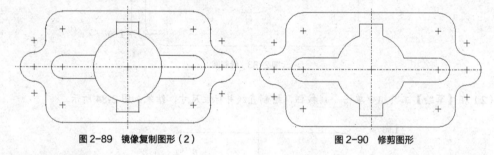

图 2-89　镜像复制图形（2）　　　　　　　　图 2-90　修剪图形

6. 绘制一组圆

（1）在【草绘】工具组中单击 ⊙圆 按钮旁的下拉按钮，选中 ⊙ 同心 工具，创建第 1 组同心圆，修改左侧圆直径后在两圆间添加等半径约束条件，结果如图 2-91 所示。

图 2-91　绘制第 1 组同心圆

（2）使用该工具创建第 2 组同心圆，其中包含 4 个等直径圆，结果如图 2-92 所示。

图 2-92　绘制第 2 组同心圆

（3）适当调整图形尺寸的大小和位置，最终设计结果如图 2-73 所示。

2.2.3　提高训练——绘制手柄图案

本例综合使用多种绘图和编辑工具绘制图 2-93 所示的手柄图案。

图 2-93　手柄图案

微课 3
绘制手柄图案

1. 新建草绘文件

新建名为 "shoubing" 的草绘文件。

2. 绘制基本图元

（1）使用中心线工具绘制一条水平中心线，如图 2-94 所示。

（2）使用直线工具绘制一条线段，如图 2-95 所示。

图 2-94　绘制中心线　　　　　　　　　　图 2-95　绘制线段

（3）使用圆工具绘制一个圆，如图 2-96 所示。该圆的圆心位于中心线上，半径自行设定。

（4）绘制另一个圆，如图 2-97 所示。该圆的圆心也位于中心线上，半径比前一圆略小。

图 2-96　绘制圆（1）　　　　　　　　　图 2-97　绘制圆（2）

（5）绘制一个圆（不是惟一的），该圆与已经创建的两个圆以及线段相切，如图 2-98 所示。

 要点提示

绘制相切圆时，鼠标在图元上单击选取的位置与绘图结果有一定的关系，单击位置最好靠近绘图完成后的相切点位置。在本例中应该依次选取图 2-99 所示的点来创建图形。

图 2-98　绘制相切圆　　　　　　　　　图 2-99　选择切点

（6）使用直线工具绘制两条竖直线段和一条水平线段，如图 2-100 所示。

（7）使用 3 点画圆工具绘制一个圆，首先在已知圆上选取两点，拖动圆使之与这两个圆相切，然后在圆外选取一点，结果如图 2-101 所示。

图 2-100　绘制线段　　　　　　　　　图 2-101　绘制圆（3）

3．修剪和复制图形

（1）使用删除段工具删除多余的线条，结果如图 2-102 所示。

（2）框选图 2-102 所示的图形作为复制对象，选取中心线作为镜像参照，镜像图形，结果如图 2-93 所示。

图 2-102　修剪图形

删除多余线条时，可以按住鼠标左键拖动鼠标光标画出轨迹线，凡与该轨迹线相交的线条都将被删除，这样可以提高设计效率。

2.3　综合应用

本节将介绍一组典型二维图形的创建过程，以帮助读者进一步熟悉各种二维图形的绘制方法，巩固练习基本设计工具和约束工具的使用。

2.3.1　范例解析 1——绘制心形图案

本例将综合应用多种设计工具和方法创建图 2-103 所示的心形图案。

微课 4

绘制心形图案

图 2-103　绘制心形图案

1.　新建文件

新建名为"xinxing"的草绘文件。

2.　绘制直线和圆

（1）使用 ⋮ 中心线 工具绘制一条水平中心线和一条竖直中心线，如图 2-104 所示。

（2）使用 ◎圆 工具绘制第 1 个圆，标注并修改相应的尺寸，结果如图 2-105 所示。

在绘制第 1 个图元后，立即对其进行尺寸标注，该尺寸作为设计的基础尺寸，这样可以避免设计中尺寸修改前后因数值差异太大而导致的图形变形。

图 2-104　绘制中心线　　　　　　　　　图 2-105　绘制第 1 个圆

（3）绘制第 2 个圆，标注并修改尺寸，并在两圆之间添加"相切"约束条件，结果如图 2-106 所示。

（4）绘制第 3 个圆，该圆与第一个圆的半径相等，结果如图 2-107 所示。

图 2-106　绘制第 2 个圆　　　　　　　　图 2-107　绘制第 3 个圆

3. 绘制圆弧

（1）使用 弧 工具绘制一段圆弧，该圆弧的两个端点分别落在前面绘制的第 2 个圆和第 3 个圆上，如图 2-108 所示。

（2）单击【约束】工具组中的 相切 按钮，在新绘制的圆弧和两个圆之间加入相切约束条件，结果如图 2-109 所示。

图 2-108　绘制圆弧　　　　　　　　　图 2-109　在图元之间添加相切约束条件

4. 修剪图元

（1）单击【编辑】工具组中的 ∠分割 按钮，在图 2-110 所示的 5 处位置插入分割点。

（2）单击该工具组中的 ∿删除段 按钮，删除多余图线，结果如图 2-111 所示。

图 2-110　插入分割点　　　　　　　　　　　　　　图 2-111　修剪后的图形

5. 镜像复制图形

（1）框选图 2-111 所示的图形作为复制对象。

（2）在【编辑】工具组中单击 ⋔镜像 按钮。

（3）选取竖直中心线作为镜像参照，结果如图 2-112 所示。

图 2-112　镜像后的图形

6. 修整图形

适当调整图形上尺寸参数的大小和位置，最终设计结果如图 2-103 所示。

2.3.2　范例解析 2——绘制支架图案

本例将继续介绍复杂二维图形的绘制方法，图形中包括一组倾斜放置的直线，设计完成后的结果如图 2-113 所示。

图 2-113　支架图案

1．新建文件

新建名为"zhijia"的草绘文件。

2．绘制一组基准线

（1）使用┊中心线工具绘制中心线，并标注尺寸，如图 2-114 所示。

（2）在【草绘】工具组中单击◎按钮，进入构造模式。

（3）单击╭弧按钮，绘制一段圆弧，结果如图 2-115 所示。

图 2-114　绘制中心线　　　　　　　　　　图 2-115　绘制构建圆弧

3．绘制基本图元 1

（1）按照图 2-116 所示绘制第 1 组圆。

（2）按照图 2-117 所示绘制第 2 组圆。

图 2-116　绘制第 1 组圆

图 2-117　绘制第 2 组圆

（3）按照图 2-118 所示绘制第 3 组圆。

（4）使用 工具绘制 3 条与构建圆弧同心并且与圆相切的圆弧，如图 2-119 所示。

图 2-118　绘制第 3 组圆　　　　　　图 2-119　绘制圆弧

（5）按照图 2-120 所示绘制第 1 条直线。

（6）绘制第 2 条直线，如图 2-121 所示。此处绘制的直线与圆相切。

图 2-120　绘制第 1 条直线　　　　　　图 2-121　绘制第 2 条直线

（7）绘制水平线，如图 2-122 所示。

（8）绘制一段构造直线，具体绘制方法与绘制构造圆弧类似，如图 2-123 所示。

图 2-122　绘制水平线　　　　　　图 2-123　绘制构造线

4. 绘制基本图元 2

（1）绘制圆，该圆半径与右侧小圆半径相等，如图 2-124 所示。

（2）绘制两条平行线，如图 2-125 所示。

图 2-124　绘制圆　　　　　　　　　　　图 2-125　绘制平行线

（3）绘制一段圆弧，该圆弧与直线和圆均相切，如图 2-126 所示。

（4）按照图 2-127 所示修改圆弧半径。

图 2-126　绘制圆弧　　　　　　　　　　图 2-127　修改圆弧半径

（5）在图中创建两处圆角，如图 2-128 所示。

（6）裁剪图元。裁去图形上多余的线条，结果如图 2-129 所示。

图 2-128　绘制圆角　　　　　　　　　　图 2-129　修剪图形

5. 修整图形

适当调整图形上的尺寸大小和标注位置，最终设计结果如图 2-113 所示。

2.3.3 范例解析 3——绘制棘轮图案

外棘轮机构是一种典型的机械零件，本例在绘制该棘轮机构时，综合使用了多种绘图工具和编辑工具，最后设计结果如图 2-130 所示。

图 2-130 绘制外棘轮机构

1. 新建文件

新建名为"jilun"的草绘文件。

2. 创建基本图元

（1）在【基准】工具组中单击 中心线 按钮，分别绘制一条水平中心线和一条竖直中心线。

微课 6
绘制棘轮图案

（2）单击 中心线 按钮，绘制一条与竖直中心线的夹角呈 60°的中心线，并用 ◇线 工具绘制一条水平直线，结果如图 2-131 所示。

（3）在【草绘】工具组中单击 ⊙圆 按钮，绘制两个圆，小圆直径为"0.5"，大圆直径为"0.7"，然后利用 ⌒弧 工具绘制一段圆弧（半径为 2.5），如图 2-132 所示。

🎯 **要点提示**

注意绘制的大小，两个圆的圆心在同一水平线上。

图 2-131 绘制中心线和直线

图 2-132 绘制圆和圆弧

（4）单击【草绘】工具栏中的 ◇线 按钮，绘制两条直线，使用相切约束工具保证直线与圆相切，结果如图 2-133 所示。

（5）单击 ◇线 按钮，过圆弧的圆心绘制直线与右侧圆切线相交，再使用垂直约束工具使两者相互垂直，结果如图 2-134 所示。

图 2-133　绘制直线（1）　　　　　　　图 2-134　绘制直线（2）

（6）在【编辑】工具组单击 删除段 按钮，剪去多余线段，结果如图 2-135 所示。

3.　编辑图元

（1）在【操作】工具组中单击 按钮下方的下拉按钮，选择【所有几何】选项，选中所有几何图形作为复制对象。

（2）单击 镜像 按钮，选取图 2-135 所示的中心线 L 作为参照，镜像图形，结果如图 2-136 所示。

图 2-135　编辑图元　　　　　　　　　图 2-136　第 1 次镜像复制后的图形

（3）选取工作区中的所有图元作为复制对象，单击 镜像 按钮，选取竖直中心线作为复制参照，完成第 2 次镜像复制，结果如图 2-137 所示。

图 2-137　第 2 次镜像复制后的图形

（4）选中镜像复制后左侧的图形，按 Ctrl+C 组合键复制对象，再按 Ctrl+V 组合键粘贴对象。

（5）鼠标左键单击确定复制的位置。

（6）在顶部参数框中输入旋转角度"120"，如图 2-138 所示，然后单击 ✔ 按钮，旋转复制图形后的结果如图 2-139 所示。

图 2-138　输入旋转角度　　　　图 2-139　旋转复制图形

4. 修饰和完善图形

（1）单击【编辑】工具组中的 删除段 按钮，剪去图 2-140 所示的多余线段 L1、L2，结果如图 2-141 所示。

图 2-140　剪去指定的线段　　　　图 2-141　编辑后的图形

 要点提示

使用裁剪工具剪去线段后发现被剪去的线段仍然在原处，这并不是操作有误。因为前面的步骤中对基本图元进行了几次复制，所以对 L1、L2 也进行了多次复制——在 L1、L2 的位置分别有两条互相叠加的线段，只需要继续剪去多余线段直到 L1、L2 的位置不再有线段即可。

（2）以中心线交点为圆心，用 圆 工具绘制直径为"2.2"的圆，最终设计结果如图 2-130 所示。

2.3.4　范例解析 4——绘制滑块图案

下面继续介绍基本设计工具的用法，本例绘制完成的滑块如图 2-142 所示。

图 2-142　绘制滑块

1. 新建文件

新建名为"huakuai"的草绘文件。

2. 绘制基本图元 1

（1）使用【草绘】工具组中的 中心线 工具绘制一竖三横 4 条中心线，结果如图 2-143 所示。

（2）使用【草绘】工具组中的 圆 工具在中心线的各交点处任意绘制圆，并使用约束工具确保两圆直径相等，如图 2-144 所示。

微课 7
绘制滑块图案

图 2-143　绘制中心线　　　　　　图 2-144　绘制圆

（3）绘制圆 3 的两个同心圆，其中一个过圆 2 的圆心，如图 2-145 所示。

（4）使用 中心线 工具绘制两条穿过圆 3 圆心的中心线，如图 2-146 所示。

图 2-145　绘制同心圆　　　　　　　　　　图 2-146　绘制中心线

（5）选中与圆 3 同心且过圆 2 的圆，长按鼠标右键，在弹出的快捷菜单中选择【构造】命令，将其转换为构造圆，结果如图 2-148 所示。

3. 绘制基本图元 2

（1）以步骤 2（4）绘制的两条中心线与构造圆的交点为圆心，绘制两个与圆 2（见图 2-147）相等的圆，结果如图 2-148 所示。

图 2-147　绘制构造圆

要点提示

画圆时，当所画的圆与画图区中某个圆等大时系统能自动给以提示。用户可以利用这一点，而不必人为添加约束。如图 2-149 所示，出现标记"R_1"，提示所绘图元与绘图区中的圆 2 等大。

（2）在【草绘】工具组中单击 弧 按钮，绘制同心圆弧，结果如图 2-150 所示。

（3）绘制图 2-151 所示的 4 条直线。

图 2-148　绘制圆　　　　　　　　　　　图 2-149　显示等直径约束

要点提示

为了方便观察最后的设计结果，这里关闭了尺寸显示。

图 2-150　绘制同心圆弧　　　　　　　　图 2-151　绘制直线

（4）使用圆弧工具绘制 3 段圆弧，如图 2-152 所示。

（5）修改圆弧的尺寸值，并使用【编辑】工具组中的 删除段 工具剪去多余图线，结果如图 2-153 所示。

4．修整图形

适当调整图形上的尺寸参数大小和位置，最终设计结果如图 2-142 所示。

图 2-152　绘制圆弧

图 2-153　调整圆弧尺寸并删除多余线段

2.4　小结

二维草绘是三维设计的基础，设计过程中充分体现了 Creo 3.0 的参数化建模思想。用户在学习基本设计工具用法的同时，要充分理解"尺寸驱动"和"约束"的含义及设计意义，并注意掌握提高绘图效率的基本技巧。

无论多么复杂的二维图形都是由直线、圆、圆弧、样条曲线和文本等基本图元组成的。系统为每一种图元提供了多种创建方法，在设计时可以根据具体情况进行选择。创建二维图元后，一般还要使用系统提供的修改、裁剪以及复制等工具进一步编辑图元，最后才能获得理想的图形。

约束是二维草绘中极其有效的一种设计工具。首先应该明确约束的类型及适用条件，然后在设计中合理使用约束来简化设计过程。尺寸是二维图形的主要组成部分之一，应该掌握各种类型尺寸的标注方法以及尺寸的编辑方法，还应掌握尺寸与约束冲突的解决技巧。

绘制二维图形是创建三维模型的基础环节。请读者熟练掌握这些设计工具的用法，为以后学习三维建模打下良好的基础。

2.5　习题

1. 什么叫弱尺寸？什么叫强尺寸？两者有何区别？
2. 什么是约束？使用约束绘图有什么优势？
3. 使用约束工具绘制奥运五环图案。
4. 绘制图 2-154 所示的二维图形，尺寸自定。

图 2-154　绘制二维图形

Chapter

3

第 3 章
创建基础实体特征

三维实体模型是现代设计生产中最常见的模型形式，其建模原理具有典型代表性，是后续学习曲面建模的基础。基础实体特征相当于机械加工中的零件坯料，是后续加工的基础和载体。本章将讲述三维实体建模的一般原理以及相关的设计技巧。

学习目标

- 掌握拉伸建模的基本原理。
- 掌握旋转建模的基本原理。
- 掌握扫描建模的基本原理。
- 掌握混合建模的基本原理。

3.1 拉伸建模原理

拉伸建模是指将指定截面沿特定方向拉伸来创建特征的方法，其基本建模原理具有典型代表性，为其他各种建模方法提供了理论基础。

3.1.1 知识准备

1. 三维建模环境

在快速启动工具栏中单击 按钮，打开【新建】对话框，在【类型】分组框中选取【零件】单选项，在【子类型】分组框中选取【实体】单选项，如图 3-1 所示。单击 确定 按钮后即可进入三维草绘环境。

Creo 3.0 的三维建模环境如图 3-2 所示，与二维建模环境类似，主要包括以下要素。

- 三维绘图功能区：绘图时使用的主要工具集，包括【文件】菜单、【模型】功能区、【分析】功能区、【注释】功能区及【渲染】功能区等主要工具集。

- 模型树及文件浏览器：用作模型树窗口时，将展示模型的特征构成；用作文件浏览器时，可以展开其中的文件树结构并和外界进行文件交互。

- 视图调整工具栏：使用其中的设计工具可以调整三维空间中的视图布局。

- 三维绘图窗口：用来显示当前绘制的三维模型，是设计的舞台。与二维绘图窗口不同，三维模型不但可以移动和缩放，还能在空间中旋转。

图 3-1 【新建】对话框

图 3-2 Creo 3.0 的三维建模环境

【模型】功能区中汇集了三维建模时使用的主要工具，主要包括以下内容。其中，带有 按钮的为组合工具，单击该按钮可以展开工具包。

- 【操作】工具组：可以实现重新生成模型以及对模型的各种编辑操作。
- 【获取数据】工具组：用来导入外部数据，创建三维模型。
- 【基准】工具组：用来创建基准点、基准轴等基准特征。
- 【形状】工具组：使用拉伸、扫描、混合等建模工具创建基础特征。
- 【工程】工具组：用来创建孔、壳等具有工程结构的特征。
- 【编辑】工具组：集成了对各种曲面和实体的编辑工具。
- 【曲面】工具组：集成了各种曲面工具以创建曲面特征。
- 【模型意图】工具组：使用参数化设计工具创建参数模型。

2. 创建基准特征

基准特征是一种重要的辅助设计工具，主要用作创建模型时的设计参照。基准特征主要包括基准平面、基准点、基准轴以及坐标系等。【模型】功能区的【基准】工具组中提供了各类基准特征的创建工具。

（1）基准特征的显示控制

基准特征是一种几何特征，在设计时可以根据需要为不同类型的基准特征分别设置不同的显示状态，从而保持设计界面清晰、整洁。使用【视图】功能区中【显示】工具组里的工具可以设置各种基准特征的显示状态。

 要点提示

按下按钮将显示该类基准，弹起按钮将关闭显示。

- （基准平面）：显示或隐藏设计工作区内的所有基准平面。
- （基准轴）：显示或隐藏设计工作区内的所有基准轴。
- （基准点）：显示或隐藏设计工作区内的所有基准点。
- （坐标系）：显示或隐藏设计工作区内的所有坐标系。
- （3D注释）：显示或隐藏设计工作区内的所有3D注释。
- （基准平面标记）：显示或隐藏设计工作区内的所有基准平面标记（名称）。
- （基准轴标记）：显示或隐藏设计工作区内的所有基准轴标记（名称）。
- （基准点标记）：显示或隐藏设计工作区内的所有基准点标记（名称）。
- （坐标系标记）：显示或隐藏设计工作区内的坐标系标记（名称）。
- （旋转中心标记）：显示或隐藏设计工作区内的旋转中心标记（名称）。

（2）创建基准平面

在进行三维建模时，常常需要新建基准平面作为设计参照，如作为草绘平面等。在【基准】工具组中单击 $\square$（平面）按钮即可启动基准平面创建工具。

要准确确定一个基准平面的位置，必须指定必要的设计参照和约束条件，表 3-1 列出了创建基准平面时通常使用的约束及参照。

表 3-1 基准平面的参照和约束

约束条件	约束条件的用法	与之搭配的参照条件
穿过	基准平面通过选定参照	轴、边、曲线、点/顶点、平面及圆柱
垂直	基准平面与选定参照垂直	轴、边、曲线及平面

（续表）

约束条件	约束条件的用法	与之搭配的参照条件
平行	基准平面与选定参照平行	平面
偏移	基准平面由选定参照偏移生成	平面、坐标系
相切	基准平面与选定参照相切	圆柱

3. 创建基准平面

（1）创建第 1 个基准平面

① 打开素材文件 "\第 3 章\素材\datum.prt"，如图 3-3 所示。

② 在【基准】工具组中单击 ⬜（平面）按钮，打开【基准平面】对话框。

③ 选取基准平面 TOP（如图 3-3 所示），其名称将会出现在【参考】列表框中，在底部文本框中设置平移数值为 "200"，如图 3-4 所示。

图 3-3　打开的模型

图 3-4　【基准平面】对话框（1）

④ 单击 确定 按钮即可将选定的基准平面平移指定距离创建新的基准平面，如图 3-5 所示。

（2）创建第 2 个基准平面

① 单击 ⬜（平面）按钮，打开【基准平面】对话框。

② 在模型上选取轴线 A_1，其名称将会出现在【参考】列表框中，选中该选项，在其右侧的可用约束条件下拉列表中选取【穿过】选项，如图 3-6 所示。

图 3-5　新建的基准平面（1）

图 3-6　【基准平面】对话框（2）

③ 按住 Ctrl 键选取基准平面 FRONT 将其添加到【参考】列表框中，在其右侧的约束下拉列表中选取【偏移】选项，在下部的【旋转】文本框中输入旋转角度"75"，如图 3-7 所示。

④ 单击 确定 按钮即可创建经过选定基准轴并与选定基准平面呈指定角度的基准平面，如图 3-8 所示。

图 3-7 【基准平面】对话框（3）　　　　　　　　图 3-8 新建的基准平面（2）

（3）创建基准轴

基准轴一般用于表示圆、柱体等的对称中心，还可以使用轴线作为模型装配时的参照。在【基准】工具组中单击 ∕ 轴 按钮即可启动【基准轴】对话框。

① 使用一个参照建立基准轴。

选取基准轴工具后，打开【基准轴】对话框，选取实体上的一条边线，接受系统默认的【穿过】约束方式，可创建通过该边线的基准轴 A_1，如图 3-9 和图 3-10 所示。

图 3-9 【基准轴】对话框（1）　　　　　　　　图 3-10 创建基准轴（1）

选中圆柱面后，使用【穿过】约束方式，也可以仅使用一个参照创建经过柱面中心的基准轴线，如图 3-11 和图 3-12 所示。

② 使用两个参照创建基准轴。

选取基准平面 RIGHT 后，接受系统默认的【穿过】约束方式，然后按住 Ctrl 键的同时选取基准平面 FRONT，接受系统默认的【穿过】约束方式，这样就创建了过两平面交线的基准轴 A_1，如图 3-13 和图 3-14 所示。

图 3-11 【基准轴】对话框（2）

图 3-12 创建基准轴（2）

图 3-13 【基准轴】对话框（3）

图 3-14 创建基准轴（3）

（4）创建基准曲线

基准曲线可用作曲面边界或扫描为轨迹线等，最常用的方法是草绘基准曲线。在【基准】工具组中单击 ∿（草绘）按钮，弹出【草绘】对话框，任意选取一个基准平面作为草绘平面，如图 3-15 所示，单击 草绘 按钮后进入草绘模式。

使用二维绘图工具在草绘平面上绘制曲线即可创建基准曲线，如图 3-16 所示。

图 3-15 【草绘】对话框

图 3-16 创建基准曲线

（5）创建基准点

基准点主要用于辅助基准轴、基准曲线等的创建，还可以用来在三维设计中设定特定位置的参数。在【基准】工具组中单击 点 按钮即可打开【基准点】对话框。

选取基准曲线作为基准点的放置参照，并选用【比率】约束条件，设置基准点位于曲线长度比例为 0.5 的位置处，如图 3-17 所示，最后创建的基准点如图 3-18 所示。

图 3-17 【基准点】对话框

图 3-18 新建基准点

（6）创建坐标系

坐标系是设计中的公共基准，用来精确定位特征的位置，也是模型装配时的重要参照。在【基准】工具组中单击 坐标系 按钮，打开【坐标系】对话框，利用该对话框可以指定 3 个参照来创建放置于这 3 个参照交点处的坐标系（选取多个参照时按住 Ctrl 键），如图 3-19 和图 3-20 所示。

图 3-19 【坐标系】对话框

图 3-20 新建坐标系

4．拉伸建模工具和原理

拉伸是指将封闭截面围成的区域按照与该截面垂直的方向添加或去除材料，来创建实体特征的方法。

拉伸原理同样适用于曲面的创建。

（1）拉伸设计工具

在【形状】工具组中单击 ![拉伸按钮]（拉伸）按钮，启动拉伸设计工具面板，如图 3-21 所示。

图 3-21　拉伸工具面板

拉伸设计工具面板中包括以下 4 个区域。

● 参数设置区：用于设置创建拉伸特征的主要参数。

● 预览工具区：用于预览设计效果。

● 基准工具区：打开基准工具创建各类基准特征。

● 选项面板区：打开弹出式面板设置其他参数。

（2）拉伸建模原理

拉伸建模是最简单直观的建模方法，用于将选定截面沿特定方向拉伸来创建出实体特征，设计方式灵活多样，其具体应用如表 3-2 所示。

表 3-2　拉伸设计的应用

序号	要点	原理图	说明
1	增加材料		从零开始或者在已有实体基础上拉伸出新的实体
2	切减材料		在已有实体基础上切去部分材料
3	加厚草绘		仅将草绘截面加厚一定尺寸创建实体特征
4	嵌套截面拉伸		可以使用相互之间不交叉的嵌套截面创建拉伸实体

5. 创建拉伸实体特征的基本步骤

创建一个拉伸实体特征通常包含以下步骤。

（1）选取草绘平面

草绘平面的主要任务是用来绘制二维图形，启动拉伸设计工具后，选项面板区中的【放置】面板被激活（显示为红色背景），提示用户先选择草绘平面。

① 草绘平面的种类。

草绘平面是绘制并放置截面图的平面，实际设计中可以选取基准平面 TOP、FRONT 或 RIGHT 之一作为草绘平面，也可以选取已有实体上的平面作为草绘平面，还可以新建基准平面作为草绘平面。表 3-3 列出了 3 种草绘平面的选择示例。

表 3-3　草绘平面的选取

序号	要点	选取参照	绘制截面图	创建拉伸实体
1	选取基准平面 TOP、FRONT 或 RIGHT			
2	选取实体上的平面			
3	新建基准平面			

通常情况下，用户指定草绘平面后，系统会快速转入草绘界面（由两根正交的构造线定义的平面），此时可以使用基本绘图工具绘制草图，如图 3-22 所示。

此时在视图调整工具栏中单击 🔁 按钮，则可以把草绘平面定向到与屏幕平行的位置，以方便用户精确作图，如图 3-23 所示。

② 详细定义草绘平面。

如果要更加细致地定义草绘平面，可以在选项面板区中单击展开【放置】下拉面板，然后单击 定义... 按钮，打开【草绘】对话框，如图 3-24 所示。

启动拉伸设计工具后，在设计界面空白处长按鼠标右键（按住鼠标右键停留 3 秒左右），弹出快捷菜单，选取【定义内部草绘】命令，也可以打开【草绘】对话框，更加简便。选取【曲面】命令可以创建曲面特征，选取【加厚草绘】命令可以创建加厚草绘特征。

图 3-22　草绘界面

图 3-23　重定向后的草绘平面

此时【平面】选择框被激活，所选平面将作为草绘平面。如果选取了错误的草绘平面，可以在文本框上单击鼠标右键，然后选取【移除】命令，再重新选取，如图 3-25 所示。

直接单击 使用先前的 按钮可以使用创建上一个特征时使用的草绘平面，简化了设计过程。

图 3-24　【草绘】对话框

图 3-25　移除参照

（2）设置草绘视图方向

在【草绘】对话框中指定草绘平面后，其边缘会出现一个用来确定草绘视图方向的彩色箭头，表示将草绘平面的哪一侧朝向设计者，此即为草绘视图方向，如图 3-26 所示。

图 3-27 所示的模型有正反两面，正面是平整的，背面有一条十字凹槽。

图 3-26　草绘视图方向箭头　　　　　　　　　　图 3-27　模型正反面

如果选取正面（平整表面）为草绘平面，此时标示草绘视图方向的箭头指向模型背面，放置草绘平面后，将其正面朝向设计者，如图 3-28 所示。

在【草绘】对话框中单击 反向 按钮，标示草绘视图方向的箭头指向模型正面，放置草绘平面后，将其背面朝向设计者，如图 3-29 所示。

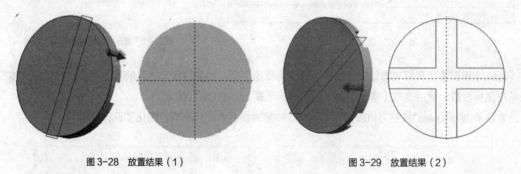

图 3-28　放置结果（1）　　　　　　　　　　图 3-29　放置结果（2）

（3）设置放置参照

选取草绘平面并设定草绘视图方向后，草绘平面的放置位置并未唯一确定，还必须设置一个参考平面来准确放置草绘平面。通常选取与草绘平面垂直的平面作为参考平面。

在【草绘】对话框中单击，激活【参考】文本框，然后选取符合要求的参考平面，再在【方向】下拉列表中选取一个方向参数来放置草绘平面。

参考平面相对于草绘平面的位置，有以下 4 个选项。

● 【上】：参考平面位于草绘平面的上方。

● 【下】：参考平面位于草绘平面的下方。

● 【左】：参考平面位于草绘平面的左侧。

● 【右】：参考平面位于草绘平面的右侧。

表 3-4 列出了在选取草绘平面和参考平面后，选取不同的方向参照后获得的不同放置效果。注意放置草绘平面后，此时参考平面已经积聚为一条直线。

表 3-4 草绘平面的放置形式

方向参照	上	下	左	右
放置结果				

（4）绘制草绘截面

放置好草绘平面后，转入二维草绘界面绘制截面图。

① 绘制闭合截面图。通常使用闭合截面来创建特征，组成截面的图元顺次相接，自行封闭，线条之间不能交叉，图 3-30 所示为不正确的截面图。

使用 分割 和 删除段 工具裁去多余线段，即可得到无交叉线的闭合截面，如图 3-31 所示。

图 3-30 不正确的截面图（1）

图 3-31 正确的截面图（1）

② 草绘曲线与实体边线围成闭合截面。也可以使用草绘曲线和实体边线共同围成闭合截面，此时要求草绘曲线和实体边线对齐。图 3-32 中草绘图元未与实体边线对齐，不是闭合截面；图 3-33 中草绘图元与实体边线对齐，能够围成闭合截面。

图 3-32 不正确的截面图（2）

图 3-33 正确的截面图（2）

此时，草绘曲线可以明确将实体表面分为两个部分，并且用一个黄色箭头指示将哪个区域作为草绘截面。单击黄色箭头，可以将另一个区域作为草绘截面，如图 3-34 所示。

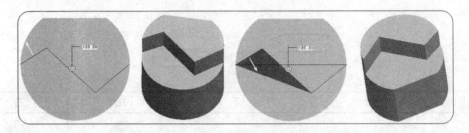

图 3-34　使用不同草绘截面创建模型

③ 使用开放截面。如果创建的特征为加厚草绘特征，这时对截面是否闭合没有明确要求，既可以使用开放截面创建特征，也可以使用闭合截面创建特征，如图 3-35 和图 3-36 所示。

图 3-35　使用闭合截面创建加厚草绘特征　　　　图 3-36　使用开放截面创建加厚草绘特征

（5）确定特征生成方向

绘制草绘截面后，系统用一个彩色箭头标示当前特征的生成方向。创建加材料特征时，默认特征生成方向指向实体外部；创建减材料特征时，默认特征生成方向指向实体内部。

要改变特征生成方向，可以直接单击表示生成方向的箭头，如图 3-37 所示；也可以在参数面板中单击左至右的第一个 按钮，如图 3-38 所示。

图 3-37　更改特征生成方向（1）　　　　　　图 3-38　更改特征生成方向（2）

（6）设置拉伸深度

通过设定特征的拉伸深度可以确定特征的大小。在参数面板中单击 按钮旁边的下拉按钮，打开深度设置工具，其用法如表 3-5 所示。

表 3-5 特征深度的设置

序号	图形按钮	含义	示例图	说明
1	𝚫	直接输入数值确定特征深度	—80.00	单击文本框右侧的下拉按钮,可以从最近设置的深度参数列表中选取数值
2	⊟	在草绘平面两侧产生拉伸特征	—160.00	每侧拉伸深度为输入数值的一半
3	☰	拉伸至特征生成方向上的下一个曲面为止	DTM1 草绘截面 拉伸至该面	常用于将草绘平面拉伸至形状不规则的曲面
4	╪	特征穿透模型		一般用于创建切减材料特征,切透所有材料
5	╧	特征以指定曲面作为参照,拉伸到该曲面	RIGHT 拉伸至该面	通常选取平面和曲面作为参照
6	╧	拉伸至选定的参照	RIGHT 拉伸至该边	可以选取点、线、平面或曲面作为参照

3.1.2　范例解析——创建支架模型

本例主要使用拉伸建模工具创建图 3-39 所示的支架模型。

1．新建文件

单击 按钮新建名为"zhijia"的零件文件，进入三维建模环境。

2．创建基准平面 DTM1

（1）在【基准】工具组中单击 按钮，打开【基准平面】对话框，如图 3-40 所示。

（2）将基准平面 RIGHT 平移距离"25"，创建基准平面 DTM1，如图 3-41 所示。

图 3-39　支架模型

3．创建拉伸实体特征

（1）在【形状】工作组中单击 （拉伸）按钮，打开拉伸设计工具，展开【放置】下拉面板，单击 定义... 按钮，打开【草绘】对话框，选取新建基准平面 DTM1 作为草绘平面，单击 草绘 按钮，进入二维草绘模式。

微课 8
创建支架模型

图 3-40　【基准平面】对话框

图 3-41　新建基准平面 DTM1

（2）按照图 3-42 所示绘制 4 个圆，注意其相对位置关系。

（3）使用 线 工具绘制两条直线，使用 相切 工具确保直线与两圆相切，如图 3-43 所示。

图 3-42　绘制圆

图 3-43　直线与两圆相切

（4）配合使用 分割 和 删除段 工具裁去图形上的多余线条，保留图 3-44 所示的截面图，完成后在草绘功能区右侧单击 （确定）按钮，退出草绘模式。

（5）按照图 3-45 所示设置拉伸参数，最后创建的模型如图 3-46 所示。

图 3-44　裁去多余的线条　　　　　　　　　图 3-45　设置拉伸参数

4. 镜像复制拉伸实体特征

（1）选中创建的拉伸实体特征，在【编辑】工具组中单击 镜像 按钮打开镜像复制工具。

（2）选取基准平面 RIGHT 作为镜像基准平面，镜像结果如图 3-47 所示。

图 3-46　创建的拉伸实体特征　　　　　　　图 3-47　镜像复制结果

5. 创建第 2 个拉伸实体特征

（1）单击 （拉伸）按钮，启动拉伸工具。

（2）选取基准平面 RIGHT 作为草绘平面，随后进入二维草绘模式。

（3）按照以下步骤绘制草绘截面图。

● 单击【草绘】工具组中的 投影 按钮，选取模型的内圆边线创建两个圆形截面，如图 3-48 所示，
注意每个圆需要分两次选取，每次选中半个圆周。

● 单击 圆 按钮绘制图 3-49 所示的两个同心圆并创建尺寸，完成后退出草绘模式。

图 3-48　绘制圆（1）　　　　　　　　　图 3-49　绘制圆（2）

（4）按照图 3-50 所示设置特征参数，最终创建结果如图 3-51 所示。

图 3-50　设置拉伸参数

图 3-51　最后创建的实体模型

3.1.3　提高训练——创建基座模型

下面介绍图 3-52 所示基座模型的创建方法。

图 3-52　基座模型

1. 新建文件

单击 按钮，新建名为"jizuo"的零件文件，进入三维建模环境。

2. 创建第 1 个拉伸实体特征

（1）启动拉伸设计工具，取基准平面 FRONT 作为草绘平面。

（2）在草绘平面绘制两个同心圆，然后双击直径尺寸，修改其值如图 3-53 所示。

（3）输入拉伸深度数值"450"，创建图 3-54 所示的拉伸模型。

微课 9
创建基座模型

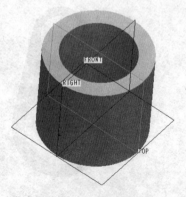

图 3-53　绘制草绘截面

图 3-54　创建拉伸模型

3. 创建第 2 个拉伸实体特征

（1）启动拉伸设计工具，选取图 3-55 所示模型的上表面作为草绘平面，进入草绘模式。

（2）在草绘平面绘制图 3-56 所示的截面图，完成后退出草绘模式。

图 3-55　选取草绘平面

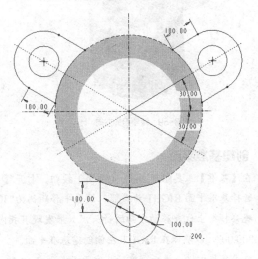

图 3-56　绘制草绘截面

要点提示

该截面由 3 个完全相同的闭合图形组成。绘图时综合使用了各种绘图工具以及多种约束工具。具体绘图过程可以参考本书素材中的动画文件，把握绘图要领。正确的草绘截面如图 3-57 所示。

（3）设置特征深度为"50.00"。

（4）默认的调整特征生成方向指向实体外侧，如图 3-58 所示。

图 3-57　截面轮廓

图 3-58　默认特征方向

（5）调整特征生成方向，使之指向实体内侧，如图 3-59 所示。

（6）单击鼠标中键，创建实体特征，结果如图 3-60 所示。

图 3-59　调整后的方向

图 3-60　创建结果

4. 创建基准平面

（1）在【基准】工具组单击 □（平面）按钮，打开【基准平面】对话框。

（2）选择基准平面 RIGHT 为参照，设置平移距离为"300.00"，如图 3-61 所示。

（3）观察模型上代表移动方向的箭头，如果发现其指向右侧，则将【基准平面】对话框中的平移距离修改为"–300.00"，以确保在 RIGHT 左侧创建基准平面。

（4）单击鼠标中键，最后创建的基准平面如图 3-62 所示。

图 3-61　新建基准平面

图 3-62　默认的特征生成方向

要点提示

由于目前模型上没有符合设计要求的平面可以选为草绘平面，所以临时创建一个与基准平面 RIGHT 平行的平面作为草绘平面。

5. 创建第 3 个拉伸实体特征

（1）启动拉伸设计工具。

（2）选取上一步创建的基准平面 DTM1 作为草绘平面，此时的草绘视图方向指向模型外侧，如图 3-63 中的箭头指向所示，单击该箭头，使之指向模型内侧。

（3）选取图 3-64 所示的平面作为参考平面，在【方向】下拉列表中选取【上】选项，单击鼠标中键，进入草绘模式。

图 3-63　调整草绘视图方向

图 3-64　选择参考平面

要点提示

通过本例的设置，请读者领会草绘视图方向的含义，并思考草绘视图方向与参考平面的选取和设置之间有什么关系。

（4）在草绘平面内绘制图 3-65 所示的截面图，完成后退出草绘模式。

图 3-65　绘制截面图

（5）系统默认的特征生成方向指向模型外部，如图 3-66 所示，单击黄色箭头，使之指向模型内侧，如图 3-67 所示。

图 3-66　默认的特征生成方向

图 3-67　调整后的特征生成方向

（6）在参数设置区设置特征的生成方向为 ▤（拉伸至下一曲面），则特征自动延伸至圆柱外表面，结果如图 3-68 所示。

6. 创建第 4 个拉伸实体特征

（1）启动拉伸设计工具。

（2）选取图 3-69 所示的平面作为草绘平面，单击鼠标中键进入草绘模式。

草绘平面

拉伸至该面

图 3-68　创建的拉伸特征　　　　　　　　　图 3-69　调整后的特征生成方向

（3）单击【草绘】工具组中的 ▢投影 按钮，选取图 3-70 所示的圆作为草绘截面，然后退出草绘模式。

 要点提示

该圆周分为上下两个部分，需要选择两次才能选中一个完整的圆周。选中后，圆周上有约束符号"—"。

（4）在参数设置区单击 ◿ 按钮创建减材料特征。

（5）确保特征生成方向指向实体内侧，如图 3-71 所示。

要点提示

注意此时模型上有两个方向箭头，指向上方的为特征生成方向箭头，指向模型前方的为材料侧箭头，将使用箭头指向的区域来创建切减材料的拉伸特征。

选取该圆

图 3-70　绘制截面图　　　　　　　　　图 3-71　特征生成方向

（6）设置特征深度为 ⊨⊨（穿透模型）。

（7）单击鼠标中键，最后创建的实体模型如图3-52所示。

3.2 旋转建模原理

旋转建模用于创建回转体模型，这类模型通常具有一条中心轴线。

3.2.1 知识准备

1. 旋转建模原理

旋转是指将指定截面沿着公共轴线旋转后得到三维模型，最后创建的模型为一个回转体，具有公共对称轴线。图3-72所示为使用闭合截面图创建旋转实体特征的示例。

图3-72 使用闭合截面图创建旋转实体特征

图3-73所示为使用开放截面图创建加厚草绘特征的示例。

图3-73 使用开放截面图创建加厚草绘特征

2. 旋转建模工具

在【形状】工具组中单击 ⊙ 旋转 按钮，打开旋转设计工具，如图3-74所示。

图3-74 旋转设计工具

3. 设计步骤

旋转工具与拉伸设计工具用法类似：设计时，首先设置草绘平面，然后绘制旋转截面图，接下来执行旋转轴线，设置旋转角度，根据设计需要还可以调整旋转方向。

（1）设置草绘平面

这一步骤与创建拉伸实体特征基本相同，主要包括以下内容。

- 选取合适的平面作为草绘平面。
- 设置合适的草绘视图方向。
- 选取合适的平面作为参考平面准确放置草绘平面。

（2）绘制旋转截面

正确设置草绘平面后，接下来进入二维草绘模式绘制截面图。与拉伸实体特征的草绘截面不同，在绘制旋转截面图时，通常需要同时绘制出旋转轴线，如图 3-75 所示。

图 3-75 旋转特征示例（1）

如果截面图上有线段与轴线重合，不要忽略该线段，否则会导致截面不完整，如图 3-76 所示。

图 3-76 旋转特征示例（2）

使用开放截面创建加厚草绘特征时，截面和旋转轴线不得有交叉，图 3-77 所示为错误的截面图，正确的结果如图 3-78 所示。

图 3-77 错误的截面图   图 3-78 正确的结果

要 点 提 示

在使用拉伸和旋转方法创建实体模型时，如果要使用开放截面创建加厚草绘特征，应该先在工具面板上按下 □（加厚草绘）按钮确定特征类型，才可以绘制开放截面，否则系统会报告截面不完整，无法创建特征。

（3）确定旋转轴线

如果在草绘截面图时同时绘制了旋转轴线，在退出草绘模式时系统会自动选取该轴线。在工具面板中展开【放置】下拉面板，在【轴】文本框中可以看到图 3-79 所示的结果。

单击 内部 CL 按钮，可以选择实体边线等作为旋转轴，如图 3-80 所示。再次单击 内部 CL 按钮，又可以选择草绘截面中的旋转轴线。

图 3-79　选取轴线（1）

图 3-80　选取轴线（2）

（4）设置旋转角度

指定旋转角度的方法和指定拉伸深度的方法相似，首先在工具面板上选取一种旋转角度的确定方式，有以下 3 种指定方法，具体用法如表 3-6 所示。

表 3-6　设置旋转角度

序号	图形按钮	含义	示例图
1	⊥	直接在按钮右侧的文本框中输入旋转角度	
2	⊟	在草绘平面的双侧产生旋转实体特征，每侧旋转角度为文本框中输入数值的一半	

（续表）

序号	图形按钮	含义	示例图
3	⊥	特征以选定的点、线、平面或曲面作为参照，特征旋转到该参照为止	

（5）设置特征生成方向

系统默认的旋转方向为绕旋转轴逆时针方向，如图 3-81 所示。要调整旋转方向，可以单击工具面板上从左至右第一个按钮，将旋转方向调整为顺时针，如图 3-82 所示。

图 3-81　默认旋转方向　　　　　　　　　　图 3-82　调整旋转方向

3.2.2　范例解析——创建柱塞模型

本例将综合使用旋转和拉伸工具创建图 3-83 所示的柱塞模型。

1. 新建文件

新建名为"zhusai"的零件文件。

2. 创建旋转实体特征

（1）在【形状】工具组中单击 旋转 按钮，打开旋转工具，选取基准平面 TOP 作为草绘平面，如图 3-84 所示。在视图调整工具栏中单击 （草绘视图）按钮，进入草绘模式。

（2）在【草绘】工具组中单击 中心线 按钮，绘制一条中心线作为旋转轴线，如图 3-85 所示。

图 3-83　柱塞模型

微课 10
创建柱塞模型

图 3-84　【草绘】对话框　　　　　图 3-85　绘制旋转轴

（3）按照图 3-86 所示绘制两个圆，并在两圆之间添加等半径约束条件。

（4）按照图 3-87 所示使用 ╳线 工具绘制两圆的切线。

（5）绘制一个圆和一条线段，如图 3-88 所示。

图 3-86　绘制圆　　　　　图 3-87　绘制相切线　　　　　图 3-88　绘制圆和线段

（6）配合 分割 和 删除段 工具裁去图形上多余的线条，保留图 3-89 所示的截面图，在【关闭】工具栏中单击 ✔（确定）按钮，退出草绘模式。

（7）接受默认旋转角度（360°），单击 ✔ 按钮，完成三维模型的创建，结果如图 3-90 所示。

图 3-89　截面图　　　　　图 3-90　旋转模型

3. 创建基准平面 DTM1

（1）在【基准】工具栏中单击 □ 按钮，打开【基准平面】对话框。

（2）过图 3-91 所示的顶点创建与基准平面 FRONT 平行的基准平面 DTM1，其参数设置如图 3-92 所示。

图 3-91　设置参照　　　　　　　　　　　　　图 3-92　【基准平面】对话框

4. 创建减材料拉伸实体特征

（1）在【形状】工具组中单击 （拉伸）按钮，打开【拉伸】设计工具，选取基准平面 DTM1 作为草绘平面。

（2）按照图 3-93 所示绘制矩形。

（3）使用 圆角 工具创建圆角，如图 3-94 所示，完成后退出草绘模式。

图 3-93　绘制矩形　　　　　　　　　　　　　图 3-94　创建圆角

（4）按照图 3-95 所示设置特征参数，拉伸深度为"80"，调整特征生成方向指向实体内侧，单击 按钮完成拉伸实体特征的创建，结果如图 3-96 所示。

图 3-95　设置特征参数　　　　　　　　　　　图 3-96　创建的减材料拉伸实体特征

要点提示

使用特征复制的方法可以以一个特征为母本创建一组与之相似的特征，使设计简单快捷。其具体方法将在稍后章节中详细介绍，下面介绍其典型设计过程，以帮助读者建立对该方法的初步印象。

5. 使用复制方法创建特征

（1）选取图 3-97 所示的特征作为复制对象，在【操作】工具组中单击 ▯复制 按钮，单击 ▯粘贴 按钮右侧的下拉按钮，选择【选择性粘贴】，打开【选择性粘贴】对话框。

（2）选中【仅尺寸和注释元素细节】单选项和【对副本应用移动/旋转变换】复选项，如图 3-98 所示，最后单击 确定(O) 按钮。

图 3-97 选取复制对象　　　　　　图 3-98 【选择性粘贴】对话框

（3）在左上角的参数面板中单击 ▯ 按钮，激活右侧文本框，如图 3-99 所示，然后选取图 3-100 所示的轴线作为旋转轴线，输入旋转角度"90"，最后单击 ✔ 按钮，完成复制粘贴特征的操作，结果如图 3-101 所示。

图 3-99 【选择性粘贴】工具

图 3-100 选取旋转轴线　　　　　　图 3-101 复制粘贴结果

要点提示

阵列是另一种典型的特征复制方法，在设计中应用广泛，其相关的技巧也将在稍后介绍，此处首先介绍其典型应用。

6. 创建阵列特征

（1）选中步骤 5（3）创建的复制特征作为阵列对象，然后在【编辑】工具组中单击 ▦（阵列）按钮，打开【阵列】设计面板。

（2）在面板左侧的下拉窗口中选择【轴】选项，选择 A_1 轴作为旋转轴。单击展开【尺寸】下拉面板，选取切口高度尺寸作为驱动尺寸，如图 3-102 所示。

（3）将增量值改为"–10"，如图 3-103 所示。

图 3-102　尺寸参数面板　　　　　　　图 3-103　修改增量值

 要点提示

上述关系式表明在阵列特征时，各个特征之间的切口高度尺寸依次递减 10.00。

（4）在【阵列】设计面板中设置第一方向阵列特征总数为"3"，设置旋转角度为"90"，如图 3-104 所示，单击 ✔ 按钮后的阵列结果如图 3-105 所示。

图 3-104　设置阵列参数　　　　　　　图 3-105　阵列结果

7. 创建减材料拉伸实体特征

（1）在【形状】工具组中单击 ![] （拉伸）按钮，打开【拉伸】设计工具，选取基准平面 FRONT 作为草绘平面进入草绘模式。

（2）在【草绘】工具组中单击 ![] （选项板）按钮，打开【草绘器调色板】对话框，双击图 3-106 所示的【二十角星】，当鼠标光标变为 ![] 形状时，在图形区单击鼠标左键绘制图案。

（3）在【导入截面】设计面板中设置缩放比例为"11"，如图 3-107 所示，最后创建的图案如图 3-108 所示。

图 3-106 【草绘器调色板】对话框

图 3-107 设置缩放比例

（4）绘制图 3-109 所示的半径为 42.00 的圆，并裁减多余线条，结果如图 3-110 所示，完成后退出草绘模式。

图 3-108 创建的二十角星形图案

图 3-109 绘制圆

图 3-110 修剪截面图

（5）按照图 3-111 所示设置剪切参数，在参数面板中单击 ![] 按钮，调整特征创建方向，使拉伸深度为与所有曲面相交，如图 3-111 所示，最后创建的设计结果如图 3-83 所示。

图 3-111 设置参数

3.2.3 提高训练——创建阀体模型

本例主要练习旋转建模的基本设计方法，最后创建的阀体模型如图 3-112 所示。

图 3-112　阀体模型

微课 11
创建阀体模型

1. 新建文件

新建名为"fati"的零件文件，使用系统提供的默认模板进入三维建模环境。

2. 创建旋转加厚草绘特征

（1）在【形状】工具组中启动旋转工具。

（2）选取标准基准平面 FRONT 作为草绘平面，接受默认设置进入二维草绘模式。

（3）在草绘平面内绘制图 3-113 所示的截面图，完成后退出草绘模式。

要点提示

该截面由两条直线和一段样条曲线组成，注意样条线和下端的直线要在交点处相切，否则最后创建的实体表面不光滑。另外，在样条线上创建一个控制点，移动该点可以调整曲线形状。

（4）设置加厚厚度为"20.00"，其余参数使用默认值，最后创建的旋转加厚草绘特征如图 3-114 所示。

图 3-113　草绘截面

图 3-114　旋转加厚草绘特征

要点提示

仔细观察图 3-115 所示的模型底平面，发现该表面并非平面，这样就不能选作草绘平面，这成为后续设计的障碍。下面使用一个减材料的拉伸方法切除模型上的多余材料。

图 3-115 表面非平面

图 3-116 选取草绘平面

3. 创建第 1 个拉伸实体特征

（1）在【形状】工具组中启动拉伸工具。

（2）选取基准平面 RIGHT 作为草绘平面，如图 3-116 所示，随后单击鼠标中键进入二维草绘模式。

（3）在草绘平面内绘制截面图，如图 3-117 所示，完成后退出草绘模式。

要 点 提 示

这里的草绘截面为一条直线，但是直线的两个端点必须位于实体模型之外，直线的长度与设计结果没有必然的关系。

（4）在参数面板中单击 ⚿ 按钮，创建切减材料特征。

（5）展开【选项】下拉面板，按照图 3-118 所示设置深度参数（均为穿透），去除草绘平面两侧的多余材料。

图 3-117 绘制草绘截面

图 3-118 设置深度参数

（6）单击鼠标中键，最后创建的拉伸实体特征如图 3-119 所示。

4. 创建第 2 个拉伸实体特征

（1）在【形状】工具组中启动拉伸工具。

（2）选取图 3-120 所示的平面作为草绘平面，随后单击鼠标中键进入二维绘图环境。

图 3-119　最后创建的特征　　　　　图 3-120　选取草绘平面

（3）在草绘平面内绘制图 3-121 所示的截面图，完成后退出草绘模式。该截面图的具体创建流程如图 3-122 所示。

图 3-121　绘制草绘截面

图 3-122　草绘截面的绘制过程

要点提示

在裁剪图形上的多余线条时务必仔细，一定要将多余图线全部剪去，裁剪完毕后，可以沿着截面检查一遍，适当放大视图看看有无多余的线条。

（4）设置拉伸深度为 60.00，单击鼠标中键后创建的拉伸特征如图 3-123 所示。

5. 创建第 3 个拉伸实体特征

（1）在【形状】工具组中启动拉伸工具。

（2）选取图 3-124 所示的平面作为草绘平面，随后单击鼠标中键进入二维绘图环境。

草绘平面

图 3-123　创建拉伸特征　　　　　　　图 3-124　选取草绘平面

（3）在草绘平面内使用同心圆工具绘制图 3-125 所示的截面图，完成后退出草绘模式。

130.00

图 3-125　草绘截面图

（4）在工具面板上单击 按钮，调整特征生成方向指向实体内部。

（5）单击 按钮，创建切减材料特征。

（6）设置特征深度为 （穿透）。

（7）单击鼠标中键，最终的创建结果如图 3-112 所示。

3.3　扫描和混合建模原理

扫描建模和混合建模的原理更具有普遍性，可以用来创建形状和结构更加复杂的实体模型以及曲面模型。

3.3.1　知识准备

1. 扫描建模原理

将草绘截面沿任意路径（扫描轨迹线）扫描可以创建一种形式更加多样的实体特征，这就是扫描实体特征。

（1）扫描的应用

扫描轨迹线和扫描截面是扫描实体特征的两个基本要素，在最后创建的模型上，特征的横断面和扫描截面对应，特征的外轮廓线与扫描轨迹线对应，如图 3-126 所示。

图 3-126　扫描建模原理

 要点提示

从建模原理上说，拉伸实体特征和旋转实体特征都是扫描实体特征的特例，拉伸实体特征是将截面沿直线扫描，旋转实体特征是将截面沿圆周扫描。

（2）设计工具

【形状】工具组中集成了两类扫描工具：![扫描]工具用于创建扫描实体（或曲面）特征，单击其右侧的下拉按钮，使用工具集中的 螺旋扫描 工具可以创建类似弹簧的具有螺旋结构的物体。启动![扫描]工具后，打开的设计面板如图 3-127 所示。

图 3-127　扫描工具面板

 要点提示

定截面扫描是指在沿轨迹扫描的过程中，扫描截面的形状不变，仅截面所在框架的方向发生变化；而变截面扫描时，其扫描截面是可变的。

（3）确定扫描轨迹线

扫描轨迹线是创建扫描特征时使用的路径（或轨迹）。

● 草绘轨迹线：在二维草绘平面内绘制二维曲线作为扫描轨迹线。这种方法只能创建二维轨迹线。
● 选取轨迹：选取已有的二维或者三维曲线作为轨迹线，例如，可以选取实体特征的边线或基准曲线作为扫描轨迹线。这种方法可以创建空间三维轨迹线，如图 3-128 所示。

图 3-128　选取轨迹线创建扫描特征

（4）绘制扫描截面图

完成扫描轨迹线设置后，在参数面板中单击 按钮，进入二维草绘模式绘制截面图。此时草绘界面中会出现两条十字交叉线，以该交叉线交点为中心绘制截面图。

（5）合并端参数

在参数面板的【选项】下拉面板中可以设置合并端参数，合并端参数用于确定扫描实体特征与其他特征的连接方式。

在一个已有的实体上创建扫描实体特征时，如果未选中【合并端】复选项，则新特征与已有特征相接后，互不融合，如图 3-129 所示；若选中【合并端】复选项，则新特征与已有特征自然融合，光滑连接，并去除重叠的材料，形成一个整体，如图 3-130 所示。

图 3-129 非合并端　　　　　　　　　图 3-130 合并端

2. 混合建模原理

拉伸、旋转和扫描建模都是由草绘截面沿一定轨迹运动来生成特征。拉伸特征由草绘截面沿直线拉伸生成，旋转特征由草绘截面绕固定轴线旋转生成，扫描实体特征由草绘截面沿任意曲线扫描生成。

（1）混合原理

拉伸、旋转和扫描实体特征有一个共同的特点：具有公共截面。

但是在实际生活中，还有很多物体结构更加复杂，不能满足上述要求。要创建这种实体特征可以通过下面的混合实体特征来实现。

> **要点提示**
>
> 任意一个物体总可以看成由不同形状和大小的截面按照一定顺序连接而成的，这个过程在 Creo 中称为混合。混合实体特征的创建方法丰富多样、灵活多变，是设计非规则形状物体的有效工具。

混合实体特征即由多个截面按照一定规范的顺序相连构成，图 3-131 所示的实体模型由图示的多个截面依次连接生成。如果将各个截面光滑过渡，最后生成的结果如图 3-132 所示。

截面 1
截面 2
截面 3
截面 4

图 3-131 混合特征（1）　　　　　　　　图 3-132 混合特征（2）

（2）混合特征对截面的要求

混合实体特征由多个截面相互连接生成，但是并非使用任意一组截面都可以创建混合实体特征，其中基本要求之一就是各截面必须有相同的顶点数。

图 3-133 所示的 3 个截面，尽管其形状差异很大，但是由于都由 5 条边线（5 个顶点）组成，所以可以用来生成混合实体特征，这是所有混合实体特征对截面的共同要求。

图 3-133 混合特征对截面的要求

（3）起始点

起始点是两个截面混合时的参照。两截面的起始点直接相连，其余各点再顺次相连。系统将把绘制截面时的第一个顶点设置为起始点，起始点处有一个箭头标记。

截面上的起始点在位置上要尽量对齐或靠近，否则最后创建的模型将发生扭曲变形，如图 3-134 所示。

图 3-134 起始点设置示例

混合截面被激活（被选中）后，可以看到其上代表起始点的箭头，如图 3-135 所示，拖动该箭头可以调整起始点的位置，如图 3-136 所示。单击该箭头可以改变起始点的指向。

图 3-135 调整起始点（1）   图 3-136 调整起始点（2）

（4）混合顶点

当某一截面的顶点数比其他截面少时，要想正确生成混合实体特征，必须使用混合顶点。这样，该顶点就可以当多个顶点来使用，同时和其他截面上的多个顶点相连。

要点提示

注意，起始点不允许设置为混合顶点。

图 3-137 所示为使用混合顶点创建平行混合实体特征的示例。

（5）在截面上加入截断点

圆形截面没有明显的顶点，如果需要与其他截面混合生成实体特征，必须在其上加入与其他截面相同数量的截断点。可以使用【编辑】工具组中的 分割 工具在圆上插入截断点。图 3-138 中使用圆形截面和正六边形截面创建混合实体特征，在圆形截面上加入了 6 个截断点。

图 3-137　使用混合顶点　　　　　　图 3-138　使用截断点

要点提示

圆周上插入的第一个截断点将作为混合时的起始点。

（6）混合实体特征的属性

为特征设置不同的属性可以获得不同的设计结果。在创建混合特征时，在设计面板中的【选项】下拉面板中可以设置以下 3 项属性。

● 直：各截面之间采用直线连接，截面间的过渡存在明显的转折。在这种混合实体特征中可以比较清晰地看到不同截面之间的转接。

● 平滑：各截面之间采用样条曲线连接，截面之间平滑过渡。在这种混合实体特征上看不到截面之间明显的转接。

● 封闭端：顺次连接各截面，形成旋转混合实体特征，同时，实体起始截面和终止截面相连组成封闭实体特征。

图 3-139 所示为不同属性的混合实体特征的对比。

图 3-139　不同属性的特征示例

（7）混合建模工具

启动混合建模工具后，打开图 3-140 所示的设计面板。

图 3-140　混合设计面板

创建混合特征的关键在于设置混合截面，主要有以下两种方式。

① 草绘混合截面。草绘混合截面创建混合特征的一般步骤如下。

● 在工具面板中单击 按钮，进入草绘截面模式。
● 绘制第 1 个截面图，完成后退出草绘模式。
● 设置第 1 个截面到第 2 个截面之间的距离。
● 进入草绘模式绘制第 2 个截面图，完成后退出草绘模式。
● 设置第 2 个截面到第 3 个截面之间的距离。
● 进入草绘模式绘制第 3 个截面图，完成后退出草绘模式。
● 使用类似方法继续创建其他截面，直至完成特征创建。

② 选择混合截面。如果事先已经创建好了混合截面，可以按照以下步骤创建混合特征。

● 选取第 1 个截面。
● 选取第 2 个截面。
● 选取第 3 个截面。
● 使用类似方法继续选取其他截面，直至完成特征创建。

3. 扫描混合原理

扫描混合建模原理兼有扫描和混合两个建模方法的特点。扫描时，截面沿着轨迹线运动形成特征；混合时，将多个截面顺次相连。而扫描混合时，在一条扫描轨迹线上安排多个截面，这些截面沿着扫描线平滑过渡。

扫描混合的建模原理如图 3-141 所示。

图 3-141　扫描混合原理

（1）选取轨迹线

在创建扫描混合特征之前，需要确定轨迹线，可以选取已经创建的基准曲线或者实体模型的边线作为轨迹线。至少要选取一条"原点"轨迹，其余的轨迹线可以作为"次要的"轨迹线。

（2）绘制混合截面

选取轨迹线后，接下来依次创建截面图。首先在轨迹线上选取一个参照点，在工具面板中展开【截面】下拉面板，单击 草绘 按钮，进入草绘模式，绘制第 1 个截面图，然后指定下一个参照点，单击 插入 按钮，插入新的截面，再单击 草绘 按钮，绘制下一个截面图。

重复该步骤直到完成全部截面图创建。在轨迹线上，曲线的始末端点以及其上创建的基准点等都可以作为绘制草绘截面的参考点。

3.3.2　范例解析——创建书夹模型

下面介绍书夹的设计过程，在学习扫描实体特征创建原理的同时，复习拉伸实体特征的设计要领，最后创建的模型如图 3-142 所示。

图 3-142　书夹模型

1. 新建零件文件

新建名为"shujia"的零件文件，随后进入三维建模环境。

微课 12
创建书夹模型

2. 创建加厚草绘拉伸实体特征

（1）启动拉伸设计工具，在设计界面空白处长按鼠标右键，在弹出的快捷菜单中选取【加厚草绘】命令。

（2）选取基准平面 FRONT 作为草绘平面，绘制图 3-143 所示的截面图，完成后退出草绘模式。

图 3-143　绘制截面图

要点提示

该截面的绘图过程如图 3-144 所示。

图 3-144　绘图步骤

（3）按照图 3-145 所示设置特征参数，拉伸深度为"200"，加厚厚度为"3"，创建加厚草绘特征，结果如图 3-146 所示。

图 3-145　参数设置

图 3-146　加厚草绘拉伸实体

3. 创建减材料拉伸实体特征

（1）打开拉伸设计工具。在设计界面空白处长按鼠标右键，在弹出的快捷菜单中选取【定义内部草绘】命令。

（2）在弹出的【草绘】对话框中单击 使用先前的 按钮，进入草绘模式。

（3）配合使用 □投影 、 ＼线 、 ∠分割 和 ⌐删除段 工具绘制图 3-147 所示的截面图，完成后退出。

（4）按照图 3-148 所示设置特征参数，拉伸厚度为"130"，创建减材料拉伸特征。

图 3-147 截面图

（5）单击鼠标中键，结果如图 3-149 所示。

图 3-148 参数设置

图 3-149 减材料拉伸实体

4. 创建基准轴

（1）单击 ∕轴 按钮，打开基准轴设计工具。

（2）按照图 3-150 所示选取曲面参照，创建基准轴 A_1，如图 3-151 所示。

图 3-150 选择参照

图 3-151 创建的基准轴

5. 创建基准平面

（1）单击 ▱ 按钮，打开基准平面工具。

（2）选取基准轴 A_1 作为参照，设置约束类型为穿过。

（3）按住 Ctrl 键选取图 3-152 所示的平面作为参照，设置约束类型为平行。

（4）单击鼠标中键，创建的基准平面如图 3-153 所示。

图 3-152　选择参照

图 3-153　创建的基准平面

6. 创建扫描特征

（1）在【形状】工具组中单击 扫描 按钮，打开扫描设计工具。

（2）在设计面板最右侧的基准工具下拉列表中单击 按钮，创建草绘基准曲线，选择新建基准平面 DTM1 为草绘平面。

（3）在草绘平面内绘制图 3-154 所示的轨迹线，完成后退出。

图 3-154　绘制轨迹线

 要点提示

该截面图的绘图过程如图 3-155 所示。

图 3-155　绘图步骤

（4）在【扫描】面板中单击 按钮，草绘平面内绘制图 3-156 所示的圆形扫描截面图，完成后退出。

（5）单击鼠标中键，最后创建的扫描特征如图 3-157 所示。

图 3-156　绘制截面图

图 3-157　扫描特征

7. 创建拉伸实体特征

（1）打开拉伸设计工具。在设计界面空白处长按鼠标右键，在弹出的快捷菜单中选取【定义内部草绘】命令。

（2）选取图 3-158 所示的平面作为草绘平面。

图 3-158　选取草绘平面

（3）使用 ◎ 同心 和 □ 投影 工具绘制图 3-159 所示的截面图，完成后退出。

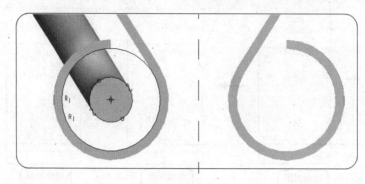

图 3-159　绘制截面图

（4）单击代表特征生成方向的箭头，使之指向实体内部，如图 3-160 所示。

图 3-160　调整特征方向

（5）设置特征深度为"30.00"。

（6）单击鼠标中键，创建的拉伸实体特征如图 3-161 所示。

8. 第 1 次镜像复制特征

（1）选取步骤 7 创建的拉伸特征为镜像对象。

（2）单击)|(镜像 按钮，打开镜像复制工具。

（3）选取基准平面 FRONT 为镜像参照，镜像结果如图 3-162 所示。

图 3-161　创建的拉伸特征　　　　　　　图 3-162　镜像结果

9. 第 2 次镜像复制特征

（1）选取步骤 6、7、8 创建的扫描特征以及两个拉伸特征为镜像对象。

（2）单击 镜像 按钮，打开镜像复制工具。

（3）选取基准平面 RIGHT 为镜像参照，最终镜像结果如图 3-142 所示。

3.3.3 提高训练——创建穹顶模型

本例将使用混合方法创建一个穹顶模型，如图 3-163 所示。

图 3-163 穹顶模型

微课 13
创建穹顶模型

1. 新建文件

新建名为"qiongding"的零件文件，随后进入三维设计环境。

2. 创建第 1 个截面

（1）在【形状】工具组中单击 混合 按钮（单击 形状▼ 按钮，从下拉面板中选取），打开混合设计工具面板。

（2）展开【截面】下拉面板，单击其右侧的 定义... 按钮，打开【草绘】对话框，选取基准平面 TOP 作为草绘平面，接受默认参照进入草绘模式。

> **要点提示**
>
> 单击 混合 按钮启动混合设计工具后，也可以在设计界面空白处长按鼠标右键，在弹出的快捷菜单中选取【定义内部草绘】命令，打开【草绘】对话框，这样更加便捷。

（3）使用 （选项板）工具绘制图 3-164 所示的边长为 100.00 的正八边形截面，完成后退出草绘模式。

（4）在工具面板上设置该截面到下一截面的距离值为"100.00"，如图 3-165 所示。

图 3-164　绘制正八边形截面

图 3-165　设置距离值

3. 创建第 2 个截面图

（1）展开【截面】下拉面板，单击右侧的 定义... 按钮，进入草绘模式。

（2）使用圆工具绘制一个圆，修改其直径尺寸到 300.00，如图 3-166 所示。

（3）使用中心线工具绘制 4 条中心线，如图 3-167 所示。

图 3-166　绘制圆　　　　　　　　　　　　　　　　　　图 3-167　绘制中心线

　　（4）使用 分割 工具在中心线和圆的交点处插入分割点。注意第一个点要与正八边形上的起始点位置相对应，否则最后创建的模型将发生扭曲变形，如图 3-168 所示。

4. 创建第 3 个截面

（1）展开【截面】下拉面板，在左侧的截面列表中单击鼠标右键，在弹出的快捷菜单中选取【新建截面】命令，如图 3-169 所示。

图 3-168 加入截断点   图 3-169 设置距离值

（2）在工具面板上设置该截面到下一截面的距离值为"100.00"，如图 3-170 所示。

（3）单击右侧的 草绘... 按钮，进入草绘模式。

（4）绘制第 3 个截面图。使用圆工具绘制一个圆，修改其直径尺寸到 180.00，如图 3-171 所示。

图 3-170 新建截面   图 3-171 绘制圆截面

（5）用与步骤 3（4）相同的方法在圆上插入 8 个分割点，注意起始点的设置，如图 3-172 所示。

5．创建第 4 个截面

（1）展开【截面】下拉面板，在左侧的截面列表中单击鼠标右键，在弹出的快捷菜单中选取【新建截面】命令。

（2）在工具面板上设置该截面到下一截面的距离值为"50.00"，如图 3-173 所示。

（3）使用 ✕点 工具在圆心处绘制一个点，如图 3-174 所示，完成后退出草绘模式。

（4）在混合面板中单击 ✓ 按钮，最终生成的实体特征如图 3-163 所示。

图 3-172　加入分割点

图 3-173　参数设置

图 3-174　绘制点截面

 要点提示

创建混合实体特征时，系统将按照各截面绘制的先后顺序顺次将其连接生成实体特征。因此，在绘制截面图时，应该从模型一端的截面开始依次绘制各截面，直到另一端面所在的截面。另外，每一截面绘制完成后都必须进行尺寸标注，以确定截面的大小。

3.4　小结

实体模型相对于线框模型和表面模型而言，是一种具有实心结构、质量、重心以及惯性矩等物理属性的模型形式。在实体模型上，可以方便地进行材料切割、穿孔等操作，它是现代三维造型设计中的主要模型形式，用于工业生产的各个领域，例如，NC 加工、静力学和动力学分析、机械仿真以及构建虚拟现实系统等。在 Creo 中，一般首先创建基础实体特征，然后在其上创建圆角、壳、孔以及筋等工程特征。

　　基础实体特征按照创建原理不同通常划分为拉伸、旋转、扫描和混合 4 种类型。前 3 种特征的建模原理具有一定的相似性。一定形状和大小的草绘剖面沿直线轨迹拉伸即可生成拉伸实体特征，一定形状和大小的草绘剖面沿曲线轨迹扫描即可生成扫描实体特征，一定形状和大小的草绘剖面绕中心轴线旋转即可生成旋转实体特征。混合实体特征的创建原理略有不同，将不同形状和大小的多个截面按照一定顺序依次相连，即可创建混合实体特征。

　　扫描混合建模综合了扫描和混合两种建模方法的优点，具有更大的设计灵活性。除此之外，还有可变剖面扫描以及螺旋扫描等设计方法，由于实体特征的建模原理和曲面特征相似，这些方法将在第 6 章讲述，读者可以参考相关内容进行学习。

3.5　习题

1. 简要说明拉伸、旋转、扫描以及混合建模方法的基本原理。
2. 在三维建模时，什么情况下使用闭合剖面，什么情况下可以使用开放剖面？
3. 在创建扫描实体特征时，为什么有时需要两次进入二维草绘模式绘制草图？
4. 创建混合实体特征时对截面图有何要求？
5. 怎样将两个具有不同顶点数的截面进行混合，产生混合实体特征？
6. 在混合实体特征中怎样使用圆形截面和点截面？
7. 扫描混合建模方法与扫描和混合建模方法分别有什么联系？
8. 参考身边的事物，综合运用拉伸、旋转、扫描和混合等方法创建一个三维实体模型。

Chapter

4

第 4 章
创建工程特征

前一章介绍了基础实体特征的创建方法以及使用 Creo 创建实体模型的基本过程和技巧。在创建基础实体之后，还需要继续在其上创建其他各类特征，其中一种重要的特征类型就是本章将要重点介绍的工程特征。工程特征是指具有一定工程应用价值的特征，例如孔特征、倒圆角特征等。这些特征具有相对固定的形状和明确的用途。

学习目标

- 明确孔特征的应用与创建方法。

- 明确倒圆角特征的应用与创建方法。

- 明确拔模特征的应用与创建方法。

- 明确壳特征的应用与创建方法。

- 明确倒角特征的应用与创建方法。

4.1　创建孔特征

工程特征是一种形状和用途比较确定的特征，它是使用同一种设计工具创建的一组特征，在外形上是相似的。大多数工程特征并不能够单独存在，必须附着在其他的特征之上，这也是工程特征和基础实体特征的典型区别。

4.1.1　知识准备

1. 工程特征概述

创建一个工程特征的过程就是根据指定的位置在另一个特征上准确放置该特征的过程。要准确生成一个工程特征，需要确定以下两类参数。

（1）定形参数

定形参数是确定特征形状和大小的参数，例如长、宽、高及直径等参数。定形参数不准确，将影响特征的形状精度。

（2）定位参数

定位参数是确定特征在基础特征上放置位置的参数。确定定位参数时，通常选取恰当的点、线和面等几何图元作为参照，然后使用相对于这些参照的一组线性或角度尺寸来确定特征的放置位置。若定位参数不准确，则特征将偏离正确的放置位置。

图 4-1 所示为确定一个孔特征的所有参数示例。

2. 孔的种类

使用 Creo 提供的孔特征专用设计工具可以快速、准确地创建各类孔，如果再配合复制、阵列等多种特征编辑工具的使用，可以进一步提高设计效率。

图 4-1　孔特征的所有参数示例

要点提示

如果用户尚未创建基础实体特征，则按照上述方法选取的孔设计工具将为灰色不可用状态，这是因为孔特征必须附着在已有特征之上，这也是大多数工程特征的特点。

根据孔的形状、结构和用途的不同以及是否标准化等条件，Creo 将孔特征划分为以下 3 种类型。

（1）简单孔

简单孔也称直孔，它具有单一直径参数，结构较为简单，设计时只需指定孔的直径和深度并指定孔轴线在基础实体特征上的放置位置即可。

（2）草绘孔

草绘孔具有相对复杂的剖面结构。首先通过草绘方法绘制出孔的剖面来确定孔的形状和尺寸，然后选取恰当的定位参照来正确放置孔特征。

（3）标准孔

标准孔用于创建螺纹孔等生产中广泛应用的标准孔特征。根据行业标准指定相应参数来确定孔的大小和形状后，再指定参照来放置孔特征。

图 4-2 所示为 3 种孔特征的示例。

图 4-2 孔的类型

创建基础实体特征之后，在【工程】工具组中单击 创孔 按钮可以打开孔设计工具。默认情况下，系统自动按下 按钮用于设计简单孔或草绘孔，如图 4-3 所示。

图 4-3 孔设计面板

3. 孔的定形参数

确定定形参数也就是确定孔的形状和大小，主要有以下 3 个参数。

（1）设置孔的直径

用户可以在图 4-3 中的直径文本框中输入直径，也可以从下拉列表中选取最近使用过的直径数值。

（2）设置孔的深度

如图 4-3 所示，设置孔的深度也可以采用两种方式：一是直接输入深度数值，二是采用参照来确定孔的深度，孔延伸到指定参照为止，相应图标按钮的用途如下。

● ⤒：直接输入孔的深度数值。

- ⊟：设置双侧深度，孔特征将在放置平面的两侧各延伸指定深度值的一半。只有当孔在放置平面两侧都有实体材料时，该按钮才可用。
- ≝：孔延伸至特征生成方向上的下一个曲面。
- ≟：创建通孔，孔特征穿透实体模型。
- ≟：孔特征延伸至特征生成方向上的指定曲面。
- ≟：孔特征延伸至指定的参照点、参照平面或参照曲面处。

（3）设置孔的轮廓形状

设计面板上的以下两个按钮可以用来确定孔的轮廓形状。

- ⊔（矩形轮廓）：孔的剖面为矩形，尾部平直，如图 4-4 所示。
- ⊔（标准轮廓）：孔的剖面为标准轮廓形状，尾部为三角形，如图 4-5 所示。

图 4-4　矩形轮廓

图 4-5　标准轮廓

4. 孔的定位参数

定位参数用于确定孔特征在基础实体特征上的放置位置。在设计面板下方展开【放置】下拉面板，如图 4-6 所示。

图 4-6　定位参数面板

（1）确定放置参照

通常选取模型上的平面或者回转体的轴线作为孔的主参照。选取平面时，孔的轴线与该平面垂直；选取轴线时，孔的轴线和该轴线平行。

在图 4-6 中，【放置】文本框被激活的情况下（彩色背景），在基础实体特征上或模型树窗口中选取孔的主参照。

（2）孔的生成方向

由于孔是一种减材料特征，选定放置参照后，系统一般会选取指向实体内部的方向作为孔特征的默认生成方向，并在基础实体特征上使用几何线框显示孔的放置位置。如果要改变孔的生成方向，可以在设计面板中单击 [反向] 按钮，如图 4-7 所示。

图 4-7　确定孔的生成方向

（3）指定孔的参照形式

仅有放置参照还不能唯一确定孔的放置位置，还必须进一步选取适当的其他参照。在图 4-6 所示的【类型】下拉列表中有以下 4 种参照形式。

① 【线性】参照形式。图 4-8 说明了【线性】参照形式的用法。首先选取实体的上表面作为放置参照，然后选取基准平面 FRONT 作为第 1 个次参照，按住 [Ctrl] 键再选取图第 2 个侧面作为第 2 个次参照。

图 4-8　【线性】参照形式使用示例

在选择了次参照后，可以在参照右侧的约束下拉列表中指定一种约束方式。

- 【对齐】：使孔轴线与选定表面对齐。
- 【偏移】：指定孔轴线到指定表面的距离。

② 【径向】参照形式。

图 4-9 说明了【径向】参照形式的用法。首先选取实体的上表面作为放置参照，再选取孔轴线 A_1 作为第 1 个偏移参照，新建孔特征的轴线位于以该轴线为中心、指定半径的圆周上。按住 [Ctrl] 键选取基准平面作为第 2 个偏移参照，过第 1 个偏移参照轴线且平行于第 2 个参照平面创建一个辅助平面，该辅助平面绕第 1 个偏移参照轴线顺时针转过指定角度后，与由第 1 个偏移参照确定的圆周的交点即为新建孔特征轴线的位置。

图 4-9　【径向】参照形式使用示例

③【直径】参照形式。【直径】放置类型的使用方法和【径向】类似，只是在确定第 1 个偏移参照时使用直径数值，而非半径数值，如图 4-10 所示。

图 4-10　【直径】参照形式

④【同轴】参照形式。使用【同轴】参照形式可以创建与选定孔或柱体同轴的孔特征。当选取轴线作为放置参照时，系统自动启用【同轴】参照方式，按住 Ctrl 键再选取一个与选定轴线垂直的平面即可准确定位该孔，此时不需要指定偏移参照。

5. 孔的详细设计

在确定孔的定形参数和定位参数后，在设计面板左上角单击 形状 按钮，可以打开图 4-11 所示的定形设计面板全面设置孔的尺寸参数。

在创建孔特征时也可以在放置参照平面的两侧分别使用不同的方式来设置孔的深度。此时，可以在定形设计面板顶部的【侧 2】处设置另一侧的参数。

图 4-11　孔的详细设计

6. 创建草绘孔

使用创建草绘孔的方法可以创建形状更加复杂的非标准孔。在设计面板上单击 ▨ 按钮，即可启动草绘孔工具。由于草绘孔的所有定形尺寸都在草绘截面中确定，因此设计面板上不需要设置孔径和孔深等参数。

（1）草绘孔截面

在设计面板中单击 ▨ 按钮进入二维草绘界面后，可以使用草绘工具绘制孔的截面图。绘制孔剖面时要注意以下要点。

● 首先绘制回转轴线，放置孔特征时，如果主参照为平面，则该回转轴线与主参照垂直；如果主参照为轴线，则孔的旋转轴线与主参照平行。

● 草绘截面必须闭合、无交叉，且全部位于轴线一侧，如图 4-12 所示。

● 孔剖面中至少有一条线段垂直于回转轴线，图 4-13 中没有垂直于轴线的线段，是不正确的截面。若剖面中仅有一条线段与回转轴线垂直，则系统自动将该线段对齐到参照平面上；如果有多条线段垂直于回转轴线，则将最上端的线段对齐到参照平面，如图 4-14 所示。

图 4-12 正确的草绘截面　　　　　图 4-13 不正确的草绘截面

图 4-14 创建孔示例

 要点提示

草绘孔的所有定形尺寸在绘制孔剖面时决定，在放置孔特征的过程中不能变更，如果要修改其尺寸参数，可以单击 ▨ 按钮再次进入二维草绘界面中修改。

（2）使用已有草绘剖面

如果在创建草绘孔之前已有绘制完毕并保存好的草绘孔截面，可以直接调用该文件来创建草绘孔。此时单击设计面板上的 ▨ 按钮，使用浏览方式找到符合要求的剖面，将其导入设计环境即可使用该剖面创建草绘孔。

（3）设置放置参照

草绘孔的形状和大小在草绘时已经决定，因此只需设置定位参数来放置该剖面即可创建孔特征。在基础实体特征上设置放置参照放置草绘孔的方法和创建直孔时类似，这里不再赘述。

7. 创建标准孔

标准孔是具有标准结构、形状和尺寸的孔，例如螺纹孔等。在设计面板上单击 按钮后，打开的面板如图 4-15 所示。

图4-15 标准孔设计工具

（1）标准孔的螺纹类型

在设计面板的第 1 个下拉列表中可以设置不同的螺纹类型。

● 【ISO】：标准螺纹，我国通用的标准螺纹。

● 【UNC】：粗牙螺纹，用于要求快速装拆或容易产生腐蚀和轻微损伤的部位。

● 【UNF】：细牙螺纹，用于外螺纹和相配的内螺纹的脱扣强度等于或高于外螺纹零件的抗拉承载能力宜采用细牙螺纹、细牙螺纹还适用于短旋合长度、小螺旋升角以及壁厚要求细牙螺距等的场合。

（2）确定螺纹尺寸

在第 2 个列表框中选取或输入与螺纹孔配合的螺钉的大小。例如，M64×6 表示外径为 64mm、螺距为 6mm 的标准螺钉。

（3）设置螺纹孔的深度

与创建简单孔相似，在右侧的【肩部深度】列表中选中 时，指定的深度仅为空间深度；选中 时，指定的深度为全孔深度。

（4）创建装饰螺纹孔

在设计面板中有 3 个用于在螺纹孔上增加装饰特性的按钮，装饰特性的具体结构可以通过展开设计面板上的【形状】下拉面板，在打开的图 4-16 所示的设计面板中进行设计。

● ：增加沉头孔。沉头孔的结构如图 4-17 所示。

● ：增加沉孔。沉孔的结构如图 4-18 所示。

● ：按下该按钮对标准孔攻丝，即在螺纹孔中显示内螺纹，如图 4-19 所示。

图 4-16 孔设计面板

图 4-17 沉头孔

图 4-18　沉孔

图 4-19　显示内螺纹

（5）标准孔的注释

展开设计面板上的【注解】下拉面板，面板上显示该螺纹孔的注释，如图 4-20 所示。如果不希望在模型上显示注释，可以取消选中【添加注解】复选项。此外，在工具箱中的按钮被按下的情况下，才会在模型上显示标准孔的注释。

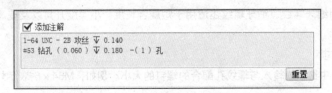

图 4-20　显示螺纹孔的注释

如果在创建基础实体模型时使用了默认模板（默认模板使用英寸作为默认单位），则在创建 ISO 标准螺纹孔时，由于这种螺纹孔采用毫米（mm）作为默认单位，两者单位不匹配，这样创建的螺纹孔会太小，甚至看不见。

8.　创建螺纹孔时单位的设置

可以通过以下两种方法在创建螺纹孔时设置单位。

（1）在创建基础实体特征时设置单位

在新建基础实体特征时，在【新建】对话框中取消对【使用默认模板】复选项的选择，不使用默认模板，如图 4-21 所示。

单击【新建】对话框中的 确定 按钮后，在图 4-22 所示的【新文件选项】对话框中选取"mmns_part_solid"，采用"毫米牛顿秒"单位制，使用"毫米"作为长度单位，使用"牛顿"作为质量单位，使用"秒"作为时间单位。如果选取"inlbs_part_solid"，则采用"英寸磅秒"单位制。

（2）对现有模型进行单位转换

如果已经使用其他单位制（如"英寸磅秒"单位制）创建完成基础实体特征，则在创建标准孔之前还可以对模型进行单位转换。

图 4-21 【新建】对话框　　　　　　　　　　　图 4-22 【新文件选项】对话框

　　选择菜单命令【文件】/【准备】/【模型属性】，打开【模型属性】对话框，在【单位】选项后单击 更改 按钮，打开【单位管理器】对话框，选中【毫米千克秒（mmKs）】，如图 4-23 所示，将当前的单位制设置为"毫米千克秒"，随后弹出【更改模型单位】对话框，如图 4-24 所示，对话框中两个选项的含义介绍如下。

图 4-23 【单位管理器】对话框　　　　　　　图 4-24 【更改模型单位】对话框

- 【转换尺寸】：将原尺寸值按照比例换算为现在单位对应的尺寸值。例如 1 英寸换算为 25.4 毫米。
- 【解释尺寸】：不进行单位换算，在保持尺寸值不变的条件下，直接将原单位修正为现在的单位，例如将原来的 1 英寸修正为 1 毫米。

4.1.2　范例解析——创建孔特征

　　本例通过一个典型案例介绍孔特征的创建方法，以帮助读者在明确设计工具用法的同时掌握其设计技巧。

微课 14
创建孔特征

1. 打开文件

打开素材文件"\第 4 章\素材\hole.prt"，如图 4-25 所示。

2. 创建草绘孔

（1）在【工程】工具组中单击 🔘孔 按钮，打开孔设计面板，单击 🔘 按钮创建草绘孔，如图 4-26 所示。

图 4-25　素材模型

图 4-26　打开草绘工具

（2）单击 🔘 按钮进入草绘模式，先绘制一条竖直中心线，并在其上绘制图 4-27 所示的截面图，完成后退出草绘模式。

（3）在设计面板中展开【放置】下拉面板，然后选取图 4-28 所示的模型顶面作为放置参照 1。

（4）按住 Ctrl 键继续选取图 4-28 所示的轴线作为放置参照 2，图 4-29 所示为设置完成后的设计面板，最后创建的草绘孔如图 4-30 所示。

图 4-27　绘制截面图

图 4-28　选取参照

图 4-29　参数面板

图 4-30　创建的孔特征

3. 创建简单孔

（1）在【工程】工具组中单击 孔 按钮，打开孔特征设计面板。

（2）在设计面板中展开【放置】下拉面板，选取图 4-31 所示的平面作为放置参照 1，按住 Ctrl 键选取图 4-31 所示的轴线作为放置参照 2，此时的【放置】面板如图 4-32 所示。

图 4-31 选取参照　　　　　　　　　　　　　图 4-32 参数面板

（3）在设计面板上设置孔的直径为"50.00"。

（4）指定深度方式为 止 （到指定曲面），如图 4-33 所示，然后选取模型的内表面作为参照，如图 4-34 所示，最后创建的简单孔如图 4-35 所示。

4. 创建标准孔

（1）在【工程】工具组中单击 孔 按钮，打开孔特征设计面板，按下 按钮，创建标准孔。

（2）在设计面板中展开【放置】下拉面板，选取图 4-36 所示的平面作为放置参照，在【类型】下拉列表中选取【径向】选项。

图 4-33 指定特征深度　　　　　　　　　　　图 4-34 选取特征参照

图 4-35 创建的简单孔　　　　　　　　　　　图 4-36 选择放置参照

（3）单击激活【偏移参考】列表框，按照图 4-37 所示选取轴线作为第 1 个偏移参照，然后按照图 4-38 所示设置其他参数，【半径】值为"45"。按住 Ctrl 键，按照图 4-39 所示选取平面作为第 2 个偏移参照，然后按照图 4-40 所示设置其他参数，【角度】值为"120"。

图 4-37　设置参照（1）

图 4-38　参数面板（1）

图 4-39　设置参照（2）

图 4-40　参数面板（2）

（4）在设计面板上设置螺钉尺寸为【M12×1】，设置螺钉长度为"40.00"。

（5）设置完毕后的参数如图 4-41 所示，最后创建的标准孔如图 4-42 所示。

图 4-41　参数面板（3）

图 4-42　创建的标准孔

5. 创建简单孔

（1）在【工程】工具组中单击孔按钮，打开孔设计面板。

（2）在设计面板中展开【放置】下拉面板，选取图 4-43 所示的平面作为放置参照，设置【线性】参照模式。

（3）激活偏移参照文本框，按照图 4-44 所示选取第 1 个偏移参照，按照图 4-45 所示设置偏移参数，偏移距离为"40"。

图 4-43　选取孔参照（1）

图 4-44　选取孔参照（2）

（4）按住 Ctrl 键按照图 4-44 所示选取第 2 个偏移参照，按照图 4-46 所示设置偏移参数，偏移距离为"40"。

图 4-45　设置偏移参数（1）

图 4-46　设置偏移参数（2）

（5）按照图 4-47 所示设置其他参数，孔直径为"40"，最终创建的结果如图 4-48 所示。

图 4-47　设置其他参数

图 4-48　最终创建结果

4.2　创建倒圆角特征

使用圆角代替零件上的棱边可以使模型表面的过渡更加光滑、自然，增加产品造型的美感。在模型上创建圆角结构可以通过创建倒圆角特征来实现。

4.2.1　知识准备

倒圆角特征是一种边处理特征，选取模型上的一条或多条边、边链或指定一组曲面作为特征的放置参照后，再指定半径参数即可创建倒圆角特征。

1. 设计工具

创建基础实体特征后，在【工程】工具组中单击 倒圆角 按钮即可启动倒圆角工具，如图 4-49 所示。

图 4-49 倒圆角工具

2. 基本概念

（1）倒圆角集

倒圆角集是倒圆角特征的结构单位，是在一次定义中创建的圆角总和。一个倒圆角特征包含一个或多个倒圆角集，一个圆角集包含一个或多个圆角段。

（2）倒圆角段

倒圆角段是由单一几何参照（例如一条边线、一条边链等）以及一个或多个半径参数所指定的一段圆角结构，如图 4-50 所示。

图 4-51 所示为创建的一个倒圆角集，分别在模型上选取了 3 条边线作为倒圆角特征的放置参照，该圆角集由 3 个圆角段组成。

图 4-50 倒圆角特征

图 4-51 倒圆角段

（3）圆角过渡

为了增强圆角特征的视觉效果，在两段或多段圆角交汇处以及圆角的终止处使用特殊方式所进行的几何填充，就是圆角过渡。通常情况下，指定圆角放置参照后，系统将使用默认属性、默认半径值以及最适合该参照的默认过渡形式创建倒圆角特征，如图 4-52 所示。

在设计面板上单击 按钮后，用户可以编辑圆角过渡的类型，以获得不同的过渡效果，此时的圆角过渡会加亮显示，如图 4-53 所示。

选中需要修改类型的圆角过渡，然后在设计面板上的过渡列表中选取合适的过渡类型，为图 4-53 中的过渡 2 设置不同过渡类型后的效果如图 4-54 所示。

图 4-52 默认过渡形式

图 4-53 加亮显示的过渡形式

图 4-54　不同的过渡形式

要 点 提 示

将不同参数的圆角放置到不同的圆角集中不但方便了对圆角特征的编辑和管理，也简化了设计操作步骤。在软件的以前版本中，要创建不同参数的圆角，需要分别创建多个特征来实现，不但增加了模型上的特征数量，而且操作过程冗长繁复。因此，读者在创建圆角特征时，最好根据圆角参数的不同创建多个圆角集，最后再生成该倒圆角特征。

3．倒圆角特征的参照类型

在创建倒圆角特征时，可以使用下列参照类型。

（1）边和边链

通过选取一条或多条边，或者使用一个边链来放置倒圆角，这是倒圆角特征的主要参照类型。倒圆角特征如果遇到相切的邻边（这叫作相切链）将继续传播，直至在切线中遇到断点。

（2）曲面到边

通过先选取曲面，然后选取边来放置倒圆角。该倒圆角与曲面保持相切，边参照用于配合曲面，以准确确定圆角的位置。

（3）曲面到曲面

通过选取两个曲面来放置倒圆角，倒圆角的边与参照曲面仍保持相切。

以上参照的具体使用方法将在稍后介绍。

4．创建恒定圆角

恒定圆角是指圆角半径为恒定值的圆角。可在设计面板中展开【集】下拉面板，详细设计倒圆角特征的基本参数，如图 4-55 所示。

要 点 提 示

如果仅仅创建较简单的圆角，只需选中放置倒圆角特征的边线（被选中的边线将用红色加亮显示），然后在设计面板上的文本框中输入圆角大小即可。如果需要在多个边线处创建圆角，在选取其他边线时按住 Crtl 键，所有边线处将放置相同半径的圆角。

（1）创建倒圆角集

一个倒圆角特征由一个或多个倒圆角集组成。图 4-55 左上角所示为倒圆角集列表，单击【新建集】选项可以创建新的倒圆角集。在圆角集上单击鼠标右键，在弹出的快捷菜单中选取【添加】命令，也可以创建新的倒圆角集，选取【删除】命令可以删除该倒圆角集。

（2）设定圆角截面

如图 4-56 所示，在右侧的下拉列表中可选取圆角形状，其中常用截面形状有以下几种。

① 圆形。最常见的圆角截面形状，截面为标准圆形。

② 圆锥。圆角截面为圆锥曲线，可以通过设置控制圆锥锐度的圆锥参数来调整圆角的形状。其范围从 0.05 到 0.95，其值越小，则曲线越平缓。圆锥参数在右侧第 2 个下拉列表中设置。

③ D1×D2 圆锥。通过指定参数 D1 和 D2 来创建非对称形状的锥形圆角，同时也可以通过圆锥参数来调整曲线的弯曲程度。

图 4-55　【集】下拉面板

图 4-56　圆角截面形状

图 4-57 所示为 3 种截面形状的圆角示例。

图 4-57　3 种截面形状的圆角示例

（3）指定轨迹生成方式

在参数面板顶部的第 3 个下拉列表中可指定圆角轨迹的生成方式。

① 滚球。滚球是以指定半径的球体在放置圆角的边上滚过的方式生成圆角。

② 垂直于骨架。垂直于骨架是以垂直于骨架线的圆弧或圆锥剖面沿圆角的放置参照扫描的方式生成圆角。

 要点提示

如果倒圆角特征使用边线作为放置参照，一般使用第 1 条边参照作为圆角的骨架线。如果圆角使用两个曲面参照，则需要在设计面板上指定骨架线。

（4）指定圆角放置参照

设置了圆角形状参数后，接下来在模型上选取边线或指定曲面、曲线作为圆角特征的放置参照。这里首先介绍选取边线作为圆角放置参照的方法。

① 为每一条边线创建一个倒圆角集。在选取实体上的边线时，如果每次选取一条边线，系统会为每一条边线创建一个倒圆角集，如图 4-58 所示。

② 选取多条边线创建一个倒圆角集。如果在选取边线的同时按住 Ctrl 键，则将选取的所有边线作为一个圆角集的放置参照，并为这些边线处的圆角设置相同的圆角参数，如图 4-59 所示。

图 4-58　为每一条边线创建一个倒圆角集　　　　图 4-59　选取多条边线创建一个倒圆角集

③ 使用边链创建倒圆角集。如果要使用一组闭合的边线创建倒圆角集，可以使用边链来完成。首先选取一条边线，按住 Shift 键再选取该边线所在的面，系统会将这两边线所在的整个闭合边链选中作为圆角的放置参照，如图 4-60 所示。

图 4-60　使用边链创建倒圆角集

④ 使用相切链创建倒圆角集。如果模型上存在各边线首尾顺序相切的边链，还可以一次选中整个边链作为圆角的放置参照。任意选取相切链的一条边线，即可选中整个边链来放置圆角特征，如图 4-61 所示。

图 4-61　使用相切链创建倒圆角集

（5）编辑圆角参照

在指定圆角参照后，还可以根据需要进一步编辑这些参照，下面分别介绍编辑圆角参照的方法。

　　① 向某一圆角集继续补充参照。在设计过程中，可以随时向已经创建的倒圆角集中补充新的参照，步骤如下。

- 在倒圆角集列表中选中需要补充参照的圆角集。
- 按住 Ctrl 键，继续选取新的参照，这些参照将自动添加到选定的圆角集中。

　　② 删除某一圆角集中的参照。如果在某一圆角集中选取了不合适的圆角参照，可以按照以下两种方法之一将其删除。

- 在【集】面板的【参考】列表框中的参照上单击鼠标右键，在弹出的快捷菜单中选取【移除】命令将其删除，选取【全部移除】命令可删除全部参照，如图 4-62 所示。
- 按住 Ctrl 键，在模型上单击选中需要删除的参照，即可将其排除在参照列表之外，这种方法操作简便，更加实用。

（6）定义圆角半径

在确定圆角类型和圆角参照后，接下来确定圆角的半径参数。

　　① 确定指定的圆角半径。设计面板底部为圆角半径参数栏，在参数栏底部的下拉列表中选取圆角半径的指定方式。可用以下两种方式指定圆角半径。

- 【值】：激活半径参数栏的【半径】文本框，可以直接输入半径参数，也可以从其下拉列表中选取曾经使用过的半径参数。
- 【参考】：使用参照来指定圆角大小，例如圆角通过指定实体顶点或指定基准点，如图 4-63 所示。

图 4-62　移除参照

图 4-63　圆角经过参照

　　② 动态调整圆角半径。在定义圆角参数时，除了在文本框中输入数值外，还可以直接在模型上拖动参数图柄动态调节圆角大小。图 4-64 所示的圆锥圆角段中有 3 个参数图柄，拖动这些图柄可以分别动态调节 D1、D2 和圆锥参数的大小。

5. 创建可变圆角

可变圆角是指圆角的截面尺寸沿某一方向渐变的倒圆角特征。如图 4-65 所示，在圆角半径参数栏中单击鼠标右键，在弹出的快捷菜单

图 4-64　动态调整圆角半径

中选取【添加半径】命令，在参照边线上按照长度比例选取参照点，依次设置各处圆角半径后，即可创建可变圆角，如图 4-66 所示。

　　在圆角半径参数栏中单击鼠标右键，打开快捷菜单，选取【成为常数】命令即可将可变圆角改为恒定圆角。

图 4-65　添加半径

图 4-66　可变圆角示例

6. 使用其他参照创建倒圆角特征

　　除了可使用边线或边链作为倒圆角特征的放置参照外，还可以使用曲线以及曲面等作为参照创建倒圆角特征，下面简要介绍其相关知识。

　　（1）选取曲面作为参照创建圆角

　　实体上的曲面是另一种放置圆角特征的重要参照，选取一个曲面后，按住 Ctrl 键再选取另一个曲面，即可在两个曲面的交线处创建指定半径的倒圆角特征，如图 4-67 所示。

　　（2）使用边和曲面创建倒圆角特征

　　首先选取一个曲面作为倒圆角特征的放置参照，然后按住 Ctrl 键再选取一条边线，则可以在曲面和边线之间创建倒圆角特征，如图 4-68 所示。

图 4-67　选取曲面作为参照创建圆角　　　　图 4-68　使用边和曲面创建倒圆角特征

7. 创建完全倒圆角

完全倒圆角是一种根据设计条件自动确定圆角参数的倒圆角特征。

（1）使用边线创建完全倒圆角

如果使用边参照来创建完全倒圆角，则这些边参照必须位于同一个公共曲面上，设计完成后，将该公共曲面用倒圆角特征代替，设计过程如图 4-69 所示。

图 4-69　使用边线创建完全倒圆角

（2）使用曲面创建完全倒圆角

使用曲面创建完全倒圆角特征时，首先选取两个曲面，倒圆角特征将与该曲面相切，然后指定一个曲面作为驱动曲面，圆角曲面的顶部将与该曲面相切，驱动曲面用于决定倒圆角的位置和圆角大小，如图 4-70 所示。

图 4-70　使用曲面创建完全倒圆角

8. 使用曲线作为参照创建圆角

要创建特殊形状的圆角特征，仅仅使用边线和曲面作为放置参照还不够，这时可以使用曲线作为圆角的放置参照。使用基准曲线和其他参照相结合的方式可以创建出形状和基准曲线相拟合的圆角特征，如图 4-71 所示。

图 4-71　使用曲线作为参照创建圆角

4.2.2　范例解析——倒圆角设计

　　本例将通过一个典型案例来介绍倒圆角特征的创建方法，帮助读者明确设计工具用法的同时掌握其设计技巧。

1. 打开文件

　　打开素材文件"\第 4 章\素材\round.prt"，如图 4-72 所示。

2. 创建第 1 个圆角特征

　　（1）在【工程】工具组中单击 倒圆角 按钮，打开圆角设计面板。

　　（2）设置圆角半径为"40.00"，按住 Ctrl 键选取图 4-73 所示的边线（共 6 处）。

图 4-72　打开的模型

　　（3）单击鼠标中键创建第 1 个圆角特征，结果如图 4-74 所示。

微课 15
圆角特征的设计

图 4-73　选取参照

图 4-74　创建倒圆角

3. 创建第 2 个倒圆角特征

　　（1）在【工程】工具组中单击 倒圆角 按钮，打开圆角设计面板。

　　（2）设置圆角半径为"20.00"，按住 Ctrl 键选取图 4-75 所示的边线（共 3 处）。

　　（3）展开【集】下拉面板，单击【新建集】，创建集 1。

　　（4）按照图 4-76 所示选取该相切链，设置圆角半径为"15.00"。

图 4-75　选取参照（1）　　　　　　　图 4-76　选取参照（2）

（5）单击【新建集】，创建集 2，按照图 4-77 所示选取该相切链，设置圆角半径为"5.00"。

（6）单击鼠标中键，结果如图 4-78 所示。

图 4-77　选取参照（3）　　　　　　　图 4-78　创建倒圆角

4. 创建第 3 个倒圆角特征

（1）在【工程】工具组中单击 倒圆角 按钮，打开圆角设计面板。

（2）设置圆角半径为"30.00"，按住 Ctrl 键选取图 4-79 所示的两个曲面。

（3）展开【集】下拉面板，单击【新建集】，创建集 2。

（4）选取图 4-80 所示的边线作为参照，设置圆角半径为"10.00"。

图 4-79　选取参照（1）　　　　　　　图 4-80　选取参照（2）

（5）单击【新建集】，创建集 3，选取图 4-81 所示的边线作为参照，设置圆角半径为"5.00"。

（6）单击【新建集】，创建集 4，选取图 4-82 所示的边线作为参照，设置圆角半径为"3.00"。

图 4-81　选取参照（3）

图 4-82　选取参照（4）

（7）单击【新建集】，创建集 5，按照图 4-83 所示的边线作为参照，设置圆角半径为"12.00"。

（8）单击【新建集】，创建集 6，按照图 4-84 所示的边线作为参照，设置圆角半径为"6.00"。

图 4-83　选取参照（5）

图 4-84　选取参照（6）

（9）单击鼠标中键，最后创建的倒圆角特征如图 4-85 所示，全部参数设置如图 4-86 所示。

图 4-85　创建倒圆角

图 4-86　全部参数设置

4.3 创建拔模特征

拔模特征是一种在模型表面上引入的结构斜度，用于将实体模型上的圆柱面或平面转换为斜面，这类似于在铸件上为方便起模而添加拔模斜度后的表面，如图 4-87 所示。

拔模前　　　　　　切除材料　　拔模后　　　增加材料

图 4-87　拔模特征应用示例

4.3.1　知识准备

在创建基础实体特征以后，在【工程】工具组中单击 拔模 按钮，打开图 4-88 所示的拔模工具面板，利用该面板设置参数创建拔模特征。

图 4-88　拔模工具面板

1. 创建拔模特征的基本要素

创建拔模特征时通常需要设置以下 4 个基本要素。

（1）拔模曲面

在模型上要加入拔模特征的曲面，在该曲面上创建结构斜度，简称拔模面。

（2）拔模枢轴

拔模枢轴用来指定拔模曲面上的中性直线或曲线，拔模曲面绕该直线或曲线旋转生成拔模特征。

要点提示

从创建原理上讲，拔模特征可以看作拔模曲面绕某直线或曲线转过一定角度后生成的。通常选取平面或曲线链作为拔模枢轴，如果选取平面作为拔模枢轴，则拔模曲面围绕其与该平面的交线旋转生成拔模特征。

（3）拔模角度

拔模角度是拔模曲面绕由拔模枢轴所确定的直线或曲线转过的角度，该角度决定了拔模特征中结构斜度的大小。拔模角度的取值范围为-30°～30°，并且该角度的方向可调。调整角度的方向可以决定在创建拔模特征时是在模型上添加材料还是去除材料。

（4）拖动方向

拖动方向用来指定测量拔模角度所用的方向参照。选取平面为拔模枢轴时，拖动方向将垂直于该平面。系统使用箭头标示拖动方向的正向，设计时可以根据需要进行调整。可以选取平面、实体边、基准轴或者坐标系作为决定拖动方向的参照。

要点提示

在模具设计中，拖动方向通常为模具开模的方向。

图 4-89 所示为拔模原理示意图。启动拔模工具后，在设计面板下方展开【参考】下拉面板，如图 4-90 所示，在这里设置 3 个参数确定拔模参照。

图 4-89　拔模原理示意图

图 4-90　参数面板

2. 选择拔模曲面

创建拔模特征的第 1 步是选取拔模曲面。在图 4-90 中激活【拔模曲面】列表框，选取拔模曲面，如果需要同时在多个曲面上创建拔模特征，可以按住 Ctrl 键并依次选取其他拔模曲面，如图 4-91 所示。

（1）依次选取拔模曲面

在图 4-90 中单击【拔模曲面】列表框右侧的 细节… 按钮，打开【曲面集】对话框，如图 4-92 所示，此时可以依次选取单个曲面构成曲面集来指定拔模曲面。

图 4-91　选择拔模曲面

（2）使用"环曲面"方式选取拔模曲面

使用单个曲面创建曲面集的效率不高，可以单击【曲面集】对话框上的 添加(A) 按钮，增加新的曲面集，并激活【锚点】列表框，选取一个曲面作为锚点曲面（参照曲面），然后选取锚点曲面上的一条边线来决定由哪些曲面构成曲面集，最后使用与锚点曲面具有相邻边的所有曲面所组成的曲面集（环曲面）作为拔模曲面，如图 4-93 所示。

图 4-92　【曲面集】对话框　　　　图 4-93　使用"环曲面"方式选取拔模曲面

在【曲面集】对话框中单击【排除的曲面】可以排除多余的曲面，如图 4-94 所示。

图 4-94　排除曲面

（3）使用"种子和边界曲面"方式选取拔模曲面

单击【曲面集】对话框中的 添加(A) 按钮，添加新的曲面集，选取一个曲面作为锚点曲面（种子曲面），接着选中【种子和边界曲面】和【单曲面】单选项，然后选取一个或多个曲面（按住 Ctrl 键）作为边界曲面，则从种子曲面到边界曲面（不包括曲面）之间的曲面都将被加入曲面集，如图 4-95 所示。

图 4-95　使用"种子和边界曲面"方式选取拔模曲面

🎯 要点提示

使用"环曲面"方式选取拔模曲面时，锚点曲面将排除在曲面集之外，而使用"种子和边界曲面"方式选取拔模曲面时，锚点曲面将在曲面集之中。在【曲面集】对话框中选中【包括边界曲面】复选项还可以选中边界曲面。多余的曲面可以按照上述方法将其排除。

选取种子曲面后，如果选中【种子和边界曲面】和【环曲面】单选项，然后选取一个曲面作为边界曲面，再选取曲面上的一条边，则所有与边界曲面相邻的曲面都将被排除在选择集之外，如图 4-96 所示。

图 4-96　使用环曲面

（4）选取实体上的所有表面作为拔模曲面

如果希望将模型上的所有表面作为拔模曲面，只需要在【曲面集】对话框中选中【所有实体曲面】单选项即可。在实际设计中，当要求选取模型上的大多数曲面作为拔模曲面时，可以先选中所有曲面，然后使用排除法将少数不需要的曲面排除，构成拔模曲面集。

> **要点提示**
>
> 如果实体上具有相互相切的曲面链，任意选取其中一个曲面作为拔模曲面，最后创建的拔模特征将自动延伸到零件的整个相切曲面链上，如图 4-97 所示。

图 4-97　选取相切链

3. 确定拔模枢轴

选取了拔模曲面后，接着在图 4-90 所示的参照面板中激活【拔模枢轴】列表框来选取拔模枢轴，拔模枢轴可以是实体边线或平面。

拔模枢轴用来确定拔模时拔模曲面转动的轴线。如果选取平面作为拔模枢轴，该平面（或平面延展后）与拔模曲面的交线即是拔模曲面转动的轴线，如图 4-98 和图 4-99 所示。

除了使用平面作为拔模枢轴外，也可以直接选取曲线或实体边线作为拔模枢轴，拔模曲面将绕该边线旋转创建拔模特征。

图 4-98　拔模枢轴应用示例（1）　　　　图 4-99　拔模枢轴应用示例（2）

4. 确定拖动方向

激活图 4-90 所示参照面板的【拖拉方向】列表框，选取适当的平面、边线或轴线参照来确定拖拉方向，单击列表框右侧的 反向 按钮可以调整拖拉方向的指向。

能够充当拖拉方向参照的对象主要有以下内容。

（1）平面

平面的法线方向为拖拉方向。如果选取平面作为拔模枢轴，系统将自动使用该平面来确定拖拉方向，并使用一个黄色箭头指示拖拉方向的正向。

（2）边线或轴线

轴线或边线的方向即为拖拉方向。

（3）指定的坐标轴

拖拉方向沿着坐标轴的指向。

使用边线或轴线确定拖拉方向的示例如图 4-100 和图 4-101 所示。

图 4-100 使用实体边线确定拖拉方向

图 4-101 使用坐标系确定拖拉方向

要点提示

单击【拖拉方向】列表框后的 反向 按钮可以反转拖拉方向的指向，间接地确定拔模特征的加材料或切减材料属性。确定拔模枢轴后，模型上将显示两个拖拉图柄：圆形图柄位于拔模枢轴或拔模曲面轮廓上，标示拔模位置；拖拉方形图柄可以调整拔模角的大小。

5. 设置拔模角度

正确设置了拔模参照后，在设计面板以及模型上都将出现拔模角度的相关图示，可以直接在设计面板上设置拔模角度。如果要创建可变拔模特征，需要利用设计面板中的【角度】下拉面板来详细编辑拔模角度。

要点提示

注意拔模角度的取值范围为-30°~30°，不要超出该数值范围。此外，单击设计面板上拔模角度列表框右侧的 按钮可以反转拔模角度，其实际效果与单击拔模枢轴列表框右侧的 按钮来反转拖拉方向类似，主要用于改变拔模特征的加材料或切减材料属性。

6. 指定分割类型

通过对拔模曲面进行分割的方法可以在同一拔模曲面上创建多种不同形式的拔模特征。在设计面板中展开【分割】下拉面板，下面对其进行介绍。

（1）分割拔模曲面的方法

【分割】设计面板提供了对拔模曲面的 3 种分割方法。

- 【不分割】：不分割拔模面，在拔模面上创建单一参数的拔模特征。
- 【根据拔模枢轴分割】：使用拔模枢轴来分割拔模面，然后在拔模面的两个分割区域内分别指定参数创建拔模特征。
- 【根据分割对象分割】：使用基准平面或曲线等来分割拔模面，然后在拔模面的两个分割区域内分别指定参数创建拔模特征。

（2）分割工具

如果选取【根据分割对象分割】选项，在设计面板中部将激活【分割对象】列表框，可以直接选取已经存在的基准曲线作为分割对象，也可以单击右侧的 定义... 按钮，使用草绘的方法临时创建分割对象，例如创建适当的草绘曲线。

（3）分割属性

如果选取了对拔模面进行分割的方式来创建拔模特征，就可以在设计面板底部的【侧选项】下拉列表中分别为分割后的拔模面两侧选取适当的处理方法。

- 【独立拔模侧面】：为拔模曲面的每一侧指定独立的拔模角度。此时在设计面板上将添加确定第 2 侧拔模角度和方向的文本框和操作按钮，可以单独修正任一侧的拔模角度和角度正向。
- 【从属拔模侧面】：为第 1 侧指定一个拔模角度后，在第 2 侧以相同角度、相反方向创建拔模结构，此选项仅在拔模曲面以拔模枢轴分割或使用两个拔模枢轴分割拔模面时可用。
- 【只拔模第一侧】：仅在拔模曲面的第 1 侧（由拖拉方向指向的一侧）创建拔模特征，第 2 侧面保持中性位置。
- 【只拔模第二侧】：仅在拔模曲面的第 2 侧（拖拉方向的反侧）创建拔模特征，第 1 侧面保持中性位置。

在图 4-102 中，选取基准平面 FRONT 作为拔模枢轴，然后选取【根据拔模枢轴分割】方式分割拔模曲面，图中显示了 4 种拔模结果的对比。

| 独立拔模侧面 | 从属拔模侧面 | 只拔模第 1 侧 | 只拔模第 2 侧 |

图 4-102　设置分割属性

（4）使用对象分割拔模曲面

除了可采用拔模枢轴分割拔模面外，还可以在拔模面上草绘曲线来分割拔模面。如图 4-103 所示，在拔模曲面上创建了草绘曲线对其进行分割，设置分割属性为【独立拔模侧面】，分别在分割后的拔模面两侧指定不同的拔模参数。

图 4-103　使用对象分割拔模曲面

4.3.2　范例解析——拔模特征设计

本例将通过一个典型案例介绍拔模特征的创建方法，帮助读者明确设计工具用法的同时掌握其设计技巧。

1.　打开文件

打开素材文件"\第 4 章\prt\draft.prt"，如图 4-104 所示。

2.　在模型底座的环曲面上创建可变拔模特征

（1）在【工程】工具组单击 拔模 按钮，打开拔模设计面板，展开【参考】下拉面板。

（2）激活【拔模曲面】列表框，然后选取模型底座上由 4 段曲面组成的环曲面作为拔模面（选取多个曲面时按住 Ctrl 键），如图 4-105 所示。

图 4-104　基础实体特征

（3）激活【拔模枢轴】列表框，然后选取图 4-105 所示的实体表面作为拔模枢轴，在【拖拉方向】列表框中接受系统默认设置，如图 4-106 所示。

（4）展开【角度】下拉面板，在角度编号上单击鼠标右键，在弹出的快捷菜单中选取【添加角度】命令，连续添加两个角度，如图 4-107 所示。

图 4-105　设置拔模参数（1）　　　　图 4-106　设置完参数后的面板　　　　图 4-107　添加角度

（5）选取图 4-108 所示的实体边线为参照添加 1 个参考点，该点位于边线中央，在该处输入拔模角度"25.00"，选取参照时，首先在参数面板中激活角度参数的【参考】列。

（6）在图 4-108 所示的边线上添加两个参照点，设置边线端点处的拔模角度为"20.00"，边线中央的拔模角度为"10.00"。图 4-109 所示为设置完成后的参数面板。

微课 16
拔模特征的设计

图 4-108　选取参照

图 4-109　设置拔模参数（2）

（7）使用同样的方法在图 4-109 所示两边线对称位置的边线处放置参照点，参数设置同图 4-109，最终插入 8 个参照点，结果如图 4-110 所示。

（8）预览设计结果确认无误后，单击 ✓ 按钮，最后生成的拔模结果如图 4-111 所示。

图 4-110　设置拔模参数（3）　　　　　　　　　　　　　　　　图 4-111　拔模结果

3. 在模型上部立方体的 4 个竖直表面上创建拔模特征

（1）单击【工程】工具组中的 拔模 按钮，打开拔模设计面板，展开【参考】下拉面板。

（2）激活【拔模曲面】列表框，然后选取模型上部立方体上的 4 个竖直平面作为拔模面（选取多个平面时按住 Ctrl 键），如图 4-112 所示。

（3）在【基准】工具组中启动【基准平面】工具，选取基准平面 TOP 作为参照，使用偏距值 325.00 创建与 TOP 平行的基准平面 DTM1，如图 4-113 所示。

图 4-112 选取拔模曲面   图 4-113 新建基准平面

（4）在【参考】面板中激活【拔模枢轴】列表框，然后选取新建基准平面 DTM1 作为拔模枢轴，接受系统默认拖动方向。

（5）展开【分割】下拉面板，在【分割选项】下拉列表中选取【根据拔模枢轴分割】，在【侧选项】下拉列表中选取【独立拔模侧面】选项，然后设置拔模枢轴上侧的拔模角度为"10.00"，最后单击文本框右侧的 按钮，调整拔模特征为切减材料性质。

（6）在拔模枢轴另一侧设置拔模角度为"20.00"，同样调整该侧的拔模特征为切减材料性质，如图 4-114 所示。

（7）预览设计结果，确认无误后单击 按钮，最后生成的拔模结果如图 4-115 所示。

图 4-114 设置拔模参数   图 4-115 拔模结果

4. 在模型的顶部平面创建拔模特征

（1）单击【工程】工具组中的 拔模 按钮，打开拔模设计面板，展开【参考】下拉面板。

（2）激活【拔模曲面】列表框，选取图 4-116 所示的模型上表面作为拔模曲面，激活【拔模枢轴】列表框，选取基准平面 FRONT 作为拔模枢轴，接受系统默认拖动方向，如图 4-117 所示。

图 4-116 最后生成的结果   图 4-117 选取拔模曲面

（3）展开【分割】下拉面板，在【分割选项】下拉列表中选取【根据分割对象分割】，然后单击【分割对象】列表框右边的 定义... 按钮，选取拔模曲面作为草绘平面，接受系统所有默认参照放置草绘平面后，绘制图 4-118 所示的草绘分割曲线，然后退出草绘模式。

（4）在【侧选项】下拉列表中选取【独立拔模侧面】选项，然后设置分割曲线两侧的拔模角度均为"15.00"，单击第一个角度文本框右侧的 按钮，调整该侧拔模角的方向。预览设计结果确认无误后，单击 按钮，最终的拔模结果如图 4-119 所示。

图 4-118 草绘分割曲线　　　　　　　图 4-119 最终拔模结果

4.4 创建壳特征

壳特征是通过挖去实体特征的内部材料来获得均匀的薄壁结构。由壳特征创建的模型具有较少的材料消耗和较轻的重量，常用于创建各种薄壳结构和各种壳体容器等。

4.4.1 知识准备

在创建基础实体特征之后，在【工程】工具组中单击 按钮即可启动壳设计工具，打开图 4-120 所示的设计面板。

图 4-120 壳设计工具

1. 设置壳体参照

在设计面板上展开【参考】下拉面板，如图 4-121 所示，其中包含两项参数集。

图 4-121 【参考】面板

（1）设置移除的曲面

用来选取创建壳特征时在实体上删除的曲面。如果未选取任何曲面，则会将零件的内部掏空创建一个封闭壳，且空心部分没有入口。激活该列表框后，可以在实体表面选取一个或多个移除曲面，如果需要选取多个实体表面作为移除表面，则应该按住 Ctrl 键。

图 4-122 所示为各种移除曲面的示例。

图 4-122　移除曲面的示例

（2）设置非默认厚度

用于选取要为其指定不同厚度的曲面，然后分别为这些曲面单独指定厚度值，如图 4-123 所示。其余曲面将统一使用默认厚度，默认厚度值在设计面板上的厚度文本框中设定。

图 4-123　设置非默认厚度

在图 4-121 所示的面板中激活【非默认厚度】列表框后，选取需要设置非默认厚度的表面并依次为其设置厚度即可。选择多个曲面时需要按住 Ctrl 键。

2. 设定壳体默认厚度

在设计面板的【厚度】文本框中可为壳特征输入默认厚度值。

单击文本框旁边的 ⤢ 按钮可以调整厚度方向。默认情况下，将在模型上保留指定厚度的材料，然后将其余材料掏空，单击 ⤢ 按钮后，将把整个模型对应的实体材料掏空，然后在外围添加指定厚度的材料，如图 4-124 所示。

图 4-124　调整加厚方向

3. 特征创建顺序对设计的影响

至此已经介绍了孔特征、倒圆角特征、拔模特征以及壳特征等多种放置实体特征，在三维建模时必须注意在基础实体特征上添加这些特征的顺序。即使在同一个模型上添加同一组放置实体特征，特征添加的先后顺序不同，最后的生成结果也不尽相同。

图 4-125 所示为"先孔后壳"和"先壳后孔"的设计结果对比。

先孔后壳　　　　　　　　　　　　先壳后孔

图 4-125 "先孔后壳"和"先壳后孔"的设计结果对比

此外，不同的特征创建顺序对模型的最终质量也有较大影响，不合理的特征创建顺序可能会在最终模型上留下潜在的设计缺陷。一般来说，壳体特征应该安排在倒圆角特征和拔模特征等之后创建，否则容易在模型上产生壳体壁厚不均的缺陷。请对比分析图 4-126 中不同特征创建顺序对设计结果的影响。

壁厚均匀　　壁厚不均　　壁厚均匀　　壁厚不均

先圆角后壳体　　　先壳体后圆角　　　先拔模后壳体　　　先壳体后拔模

图 4-126 不同特征创建顺序对设计结果的影响

4.4.2 范例解析——创建壳特征

本例将通过一个典型案例介绍壳特征的创建方法，并进一步巩固拔模特征的创建方法。

1. 新建零件文件

新建名为"vase"的零件文件，随后进入三维设计环境。

2. 创建拉伸实体特征

（1）在【工程】工具组中单击 （拉伸）按钮，打开拉伸设计工具。

（2）选取基准平面 TOP 作为草绘平面，并在草绘平面绘制截面图，如图 4-127 所示，完成后退出草绘模式。

（3）在设计面板中展开【选项】下拉面板，按照图 4-128 所示在草绘平面两侧设置不同的拉伸深度：【侧 1】为"100"、【侧 2】为"40"，最后生成的拉伸实体特征如图 4-129 所示。

微课 17
创建壳特征

图 4-127　绘制截面图　　　　　　　图 4-128　设置深度参数

图 4-129　创建的拉伸实体特征

3. 创建第 1 个拔模特征

（1）在【工程】工具组中单击 拔模 按钮，打开拔模设计面板，展开【参考】下拉面板。

（2）选取圆柱面作为拔模曲面（选半个柱面即可）。

（3）选取基准平面 TOP 作为拔模枢轴并确定拖动方向，如图 4-130 所示。

（4）在设计面板中展开【分割】下拉面板，按照图 4-131 所示设置分割参数。

图 4-130　设置拔模参数（1）　　　　　　图 4-131　设置拔模参数（2）

（5）在设计面板上设置拔模角度为"20.00"，单击拔模角度文本框右侧的 按钮，使最后创建的拔模特征为加材料属性，如图 4-132 所示。

（6）在设计面板上单击 按钮，最后生成的拔模特征如图 4-133 所示。

图 4-132 设置拔模参数（3）

图 4-133 创建的拔模特征

4. 创建第 2 个拔模特征

（1）打开拔模工具。

（2）选取圆柱面作为拔模曲面（此时需要按住 Ctrl 键选中左右两半柱面）。

（3）选取基准平面 TOP 作为拔模枢轴并确定拖动方向参照，单击 反向 按钮创建加材料的拔模特征。

（4）在设计面板中展开【角度】下拉面板，准备创建可变拔模特征，首先为图 4-134 所示左半圆弧的 5 个参照点设置拔模角度，按照图 4-134 所示在右半圆弧上选取 3 个参照点设置拔模角度。各参照点的基本参数如表 4-1 所示。

图 4-134 设置拔模参数

表 4-1 各参照点处的拔模角度参数

编号	角度	点在曲线上的位置比例	
1	5.00		
2	−5.00	0.25	
3	5.00	0.5	左半圆弧
4	−5.00	0.75	
5	5.00		
6	−5.00	0.25	
7	5.00	0.5	右半圆弧
8	−5.00	0.75	

（5）在设计面板上单击 ✓ 按钮，最后生成的可变拔模特征如图 4-135 所示。

图 4-135　创建的可变拔模特征

5. 创建倒圆角特征

（1）在【工程】工具组中单击 倒圆角 按钮，打开倒圆角设计面板。

（2）按照图 4-136 所示分别选取两条边线创建两个倒圆角集，并为倒圆角集 1 设置圆角半径"150.00"，为倒圆角集 2 设置圆角半径"5.00"。

（3）在设计面板上单击 ✓ 按钮，最后生成的圆角特征如图 4-137 所示。

图 4-136　选取圆角参照　　　　　　　图 4-137　创建的圆角特征

6. 创建壳特征

（1）在【工程】工具组中单击 壳 按钮，打开壳特征设计面板。

（2）选取图 4-138 所示的平面作为移除的曲面。

（3）在设计面板的【厚度】文本框中设置厚度值为"5.00"。

（4）单击设计面板上的 ✓ 按钮，最后生成的壳特征如图 4-139 所示。

7. 创建倒圆角特征

在【工程】工具组中单击 倒圆角 按钮，按照图 4-140 所示按住 Ctrl 键选中图示边线，输入圆角半径为"2"，创建倒圆角特征，最终的设计结果如图 4-141 所示。

图4-138 选取壳参照　　　　　　　图4-139 创建的壳特征

图4-140 选取圆角参照　　　　　　图4-141 最终设计结果

4.5 创建倒角特征

倒角特征可以对模型的实体边或拐角进行斜切削加工。例如，在机械零件设计中，为了方便零件的装配，在图4-142所示轴和孔的端面进行倒角加工。

图4-142 倒角特征的应用

4.5.1 知识准备

1. 创建边倒角特征

创建基础实体特征之后，在【工程】工具组中单击 倒角 按钮即可启动边倒角设计工具。边倒角的创建原理和倒圆角相似，选取参照边线来创建倒角集。

（1）边倒角特征的参照类型

选取放置倒角的参照边后，将在与该边相邻的两曲面间创建倒角特征。设计面板上的第 1 个下拉列表中提供了 4 种边倒角的创建方法。

- 【D×D】：在两曲面上距参照边距离为 D 处创建倒角特征，是系统的默认选项。
- 【D1×D2】：在一个曲面上距参照边距离为 D1、在另一个曲面上距参照边距离为 D2 处创建倒角特征。
- 【角度×D】：在一个曲面上距参照边距离为 D 同时与另一曲面呈指定角度创建倒角特征。
- 【45×D】：与两个曲面均呈 45°角且在两曲面上与参照边距离 D 处创建倒角特征。

图 4-143 所示为 4 种倒角样式的示例。

图 4-143　4 种倒角样式示例

要点提示

虽然【D×D】倒角方式创建的倒角效果和【45×D】一样，但是后者仅能在两垂直表面之间创建倒角特征，而前者还可以在非垂直表面之间创建。使用【D1×D2】和【角度×D】倒角方式也可以在非垂直表面间创建倒角特征。

（2）倒角集的使用

在设计面板中展开【集】下拉面板，如果要在模型上创建多组不同参数的倒角，可以分别为其设置不同的倒角集，然后在一个特征创建过程中生成，简单快捷。

与创建倒圆角特征相似，设计面板上列出了当前已经创建的倒角集，每个倒角集包含一组特定倒角参照和特定几何参数。在设计时，可以选中某一倒角集并重新编辑其参数。

要点提示

如果每次选取单个边参照，系统将分别为每一边参照创建一个倒角集；如果按住 Ctrl 键选取多个边，则系统将为这一组边创建一个倒角集；如果选取一条边后，按住 Shift 键再选取另一条边，系统将选取包含这两条边线的整个封闭边链作为倒角参照，并创建一个倒角集。

2. 创建拐角倒角

在【工程】工具组中单击 倒角 按钮右侧的下拉按钮，利用 拐角倒角 工具可以创建拐角倒角特征，拐角倒角使用实体顶点作为倒角的放置参照。

选取顶点后，依次设置与该顶点相邻的 3 条边线上的倒角距离即可创建倒角特征，如图 4-144 和图 4-145 所示。

图 4-144　设置倒角参数　　　　　　图 4-145　创建拐角倒角

4.5.2　范例解析——创建倒角特征

本例将通过一个典型案例介绍倒角特征的创建方法，帮助读者明确设计工具用法的同时掌握其设计技巧。

1. 创建旋转实体特征

（1）新建名为"Cross_pipe"的零件文件。

（2）打开旋转设计工具，选择基准平面 TOP 作为草绘平面，接受其他默认参照进入二维草绘模式。

（3）绘制图 4-146 所示的截面图，完成后退出二维草绘模式。

图 4-146　绘制截面图

（4）在设计面板中接受默认参数集，创建图 4-147 所示的旋转实体特征。

2. 创建拉伸特征

（1）在【工程】工具组中启动拉伸设计工具。

（2）选择基准平面 FRONT 作为草绘平面，接受其他默认参照进入二维草绘模式。

（3）在草绘平面内绘制图 4-148 所示的截面图形，完成后退出二维草绘模式。

微课 18-1
创建倒角特征 1

图 4-147　创建的旋转实体特征

图 4-148　绘制截面图

（4）按照图 4-149 所示设置特征参数：拉伸深度为"12"。最后创建的拉伸实体特征如图 4-150 所示。

图 4-149　设置特征参数　　　　　　　图 4-150　创建的拉伸实体特征

3. 旋转复制操作 1

（1）在快速访问工具栏中单击 ⊙ 按钮，弹出【菜单管理器】，在【特征】菜单中选取【复制】选项，在【复制特征】菜单中选取【移动】、【选择】、【独立】和【完成】选项。

要点提示

如果特征操作的命令无法在功能区中找到，则需要在【功能区】中单击鼠标右键，弹出快捷菜单，选择【自定义快速访问工具栏】打开【PTC Creo Parametric】对话框，在【从下列位置选取命令（C）：】复选框中选取【不在功能区中的命令】，找到【继承】命令，单击【添加】，完成后单击确定按钮。此时在【快速访问工具栏】中就会显示该命令图标。

（2）在【选择特征】菜单中选取【选择】选项，选取前面已经创建的旋转实体特征，在【选择特征】菜单中选取【完成】选项。

（3）在【移动特征】菜单中选取【旋转】选项，在【一般选择方向】菜单中选取【曲线/边/轴】选项，在视图模型中选取拉伸特征的轴线作为旋转参照，如图 4-151 所示。

（4）在弹出的【方向】菜单中选取【确定】选项。

（5）在【输入旋转角度】文本框中输入旋转角度"90.00"。

（6）在【移动特征】菜单中选取【完成移动】选项，在【组可变尺寸】菜单中选取【完成】选项。

（7）单击【组元素】对话框中的 确定 按钮，旋转复制结果如图 4-152 所示。

微课 18-2
创建倒角特征 2

图 4-151　选取参照　　　　　　　　　图 4-152　旋转复制结果

4. 旋转复制操作 2

（1）在【特征】菜单中选取【复制】选项，在【复制特征】菜单中分别选择【移动】、【选取】、【独立】和【完成】选项。

（2）在【选择特征】菜单中选择【选择】选项，按住 Ctrl 键选取旋转实体特征和步骤 3 复制的特征，然后选取【完成】选项。

（3）在【移动特征】菜单中选取【旋转】选项，在弹出的【一般选择方向】菜单中选取【曲线/边/轴】选项，随后在视图模型中选取拉伸特征的轴线为旋转参照。

（4）在弹出的【方向】菜单中选取【确定】选项，在【输入旋转角度】文本框中输入旋转角度"180.00"。

（5）在【移动特征】菜单中选取【完成移动】选项，在【组可变尺寸】菜单中选取【完成】选项。

（6）单击【组元素】对话框中的 确定 按钮，结果如图 4-153 所示，在【特征】菜单中选取【完成】选项。

图 4-153　旋转复制结果

 要点提示

这里也可以采用特征阵列以及镜像复制等方法创建模型上的对称结构，请读者根据所学知识练习使用这种方法进行设计。

5. 创建孔特征

（1）在【工程】工具组中单击 孔 按钮，打开孔设计面板。

（2）在设计面板中展开【放置】下拉面板，按住 Ctrl 键选取图 4-154 所示的轴线和平面作为孔的放置参照，其他参数设置（孔直径为"4"）如图 4-155 所示，创建的结果如图 4-156 所示。

选取参照轴线　　选取参照平面

图 4-154　　选择放置参照

图 4-155　设置孔参数

图 4-156　　创建的孔结果

（3）使用同样的方法选取图 4-157 所示的参照创建孔特征，参数设置同图 4-155，设计结果如图 4-158 所示。

参照平面

图 4-157　选取参照

图 4-158　创建的孔特征

6. 创建倒角特征

（1）在【工程】工具组中单击 倒角 按钮，打开倒角设计面板，选择倒角样式为【角度×D】。

（2）选取图 4-159 所示的边线 1 作为倒角边（按住 Ctrl 键同时选中对称位置的其余 3 条边线），按照图 4-160 所示设置倒角参数：【角度】为"60"、【D】为"3"。最后创建的倒角特征如图 4-161 所示。

曲线 1

图 4-159　选取倒角参照（1）

图 4-160　设置倒角参数

图 4-161　倒角结果（1）

（3）使用类似的方法创建第 2 个倒角特征。选择倒角样式为【45×D】，选取图 4-162 所示的曲线 2 和曲线 3 为倒角边（按住 Ctrl 键同时选中对称位置的其余 6 条边线），设置倒角 D 尺寸为"1.50"，最后生成的倒角特征如图 4-163 所示。

图 4-162 选取倒角参照（2）

图 4-163 倒角结果（2）

7. 创建倒圆角特征

（1）在【工程】工具组中单击 倒圆角 按钮，打开倒圆角设计面板。

（2）按住 Ctrl 键选取图 4-164 所示的 4 条曲线作为倒圆角特征的放置参照，设置倒圆角半径为"2.0"，最终的设计结果如图 4-165 所示。

图 4-164 选取圆角参照

图 4-165 最终创建的模型

4.6 小结

　　根据 Creo 的建模规律，在创建基础实体特征之后，继续在模型上添加各种具有实际意义的工程特征。本章详细介绍了各种常用工程特征的设计方法，这些工程特征包括孔特征、倒圆角特征、拔模特征、壳特征和倒角特征等。

　　工程特征必须以基础实体特征作为载体。在创建工程特征时，除了确定描述特征自身形状和大小的定形参数外，更为重要的是还必须指定定位参数来确定其在基础实体特征上准确的放置位置。这些定位参数可通过一系列参照来设定，能够充当放置参照的对象很多，各类基准特征以及实体上的点、线和面等都是理想的定位参照。

　　孔特征是常用的工程特征之一。Creo 提供了直孔、草绘孔和标准孔 3 种孔类型，在设计时可以根据需要选取。在放置孔特征时，用户要掌握系统提供的 4 种放置孔特征的方法及各自的应用特点，其中【线性】、【径向】和【同轴】都比较常用。

　　倒圆角用于消除模型上的棱角，实现模型表面间的光滑过渡。3.0 版软件对倒圆角特征的设计做了较大的改进，设计方法得到了进一步优化，通过创建不同的圆角集可以在一个倒圆角特征中的不同边线处放置不同参数的圆角，这在提高设计效率的同时减少了特征的数量。

　　倒角特征与倒圆角特征有较大的相似之处，其创建方法也有诸多共同点。除了可以在边线处放置倒角特征外，还可以选取顶点作为参照创建倒角特征。

拔模特征用于在模型上加入斜度结构，必须深刻理解拔模特征的 4 个基本设计要素的含义与设计方法。此外，还应该掌握获得加材料和切减材料拔模特征的方法。

壳特征用来创建中空的薄壁结构。特别注意壳特征通常安排在拔模特征、倒圆角以及倒角特征之后进行。

4.7 习题

1. 在创建工程特征时必须指定哪两类参数？
2. 在创建一组孔特征时，怎样保证它们满足同轴的要求？
3. 使用壳特征和薄板特征都可以创建薄壁结构，两者有何区别？
4. 孔特征、壳特征、倒圆角特征和倒角特征一定是切减材料特征吗？拔模特征是加材料特征还是切减材料特征？
5. 在创建标准孔时，是否可以使用系统的默认模板进行设计？
6. 在一个倒圆角特征中是否可以包含半径大小不同的几种圆角？

Chapter

5

第 5 章
特征的操作和参数化设计

在 Creo3.0 中，特征是模型的基本组成单位，一个三维模型是由很多特征按照设计顺序以搭积木的方式"拼装"而成的，这样创建的实体模型具有清晰的结构。同时，特征又是模型操作的基本单位，在模型上选取特定特征后，可以使用阵列、复制等方法为其创建副本，还可以使用修改、重定义等操作来修改和完善设计中的缺陷。

学习目标

● 掌握特征阵列的基本方法与技巧。

● 掌握特征复制的基本方法与技巧。

● 明确特征的编辑和重定义方法。

● 明确创建参数化模型的基本
方法和技巧。

5.1　特征阵列

　　特征阵列是指将一组对象规则有序地进行排列，常用于快速、准确地创建数量较多、排列规则且形状相近的一组结构，例如电话上整齐排列的按键、风扇上整齐排列的叶片等。

5.1.1　知识准备

　　在进行阵列之前，首先创建一个阵列对象，称之为原始特征，然后根据原始特征创建一组副本特征，也就是原始特征的一组实例特征。

1．阵列的特点

　　归纳起来，阵列操作具有以下特点。

- 特征阵列使用特征复制的方法来创建新特征，操作简便。
- 特征阵列受阵列参数控制，通过改变阵列参数（例如，实例总数、实例之间的间距以及原始特征的尺寸等）可方便地修改阵列结果。
- 特征阵列间包含了严格的约束关系，修改原始特征后，系统自动更新整个阵列。
- 阵列特征及其实例通常被作为一个整体进行操作，对包含在一个阵列中的多个特征同时执行操作，比单独操作特征更为方便和高效。例如，可方便地隐含阵列或将其添加到图层中。

> **要点提示**
>
> 每次只能对一个特征进行阵列操作。如果要同时阵列多个特征，可以先使用这些特征创建一个"局部组"，然后阵列这个组。

2．阵列工具

（1）设计面板

　　选中阵列对象后，在【编辑】工具组中单击 按钮可打开图 5-1 所示的阵列设计面板。

图 5-1　特征阵列工具

（2）阵列方法

　　阵列方法形式多样，根据设计参照以及操作过程的不同，系统提供了尺寸阵列、方向阵列、轴阵列、表阵列、参照阵列、填充阵列、曲线阵列和点阵列等 8 种类型，简介如下。

- 尺寸阵列：使用驱动尺寸并指定阵列尺寸增量来创建特征阵列。用户可以根据需要创建一维特征阵列和二维特征阵列，尺寸阵列可以是单向阵列（孔的线性阵列），也可以是双向阵列（孔的矩形阵列），这是最常用的特征阵列方式。
- 方向阵列：通过指定方向参照来创建线性阵列。

- 轴阵列：通过指定轴参照来创建旋转阵列或螺旋阵列。
- 表阵列：编辑阵列表，在阵列表中为每一阵列实例指定尺寸值来创建阵列。
- 参照阵列：参照一个已有的阵列来阵列选定的特征。
- 填充阵列：用实例特征并使用特定格式填充选定区域来创建阵列。
- 曲线阵列：按照选定的曲线排列阵列特征。
- 点阵列：通过将阵列成员放置在点或坐标系上来创建的一个阵列。

（3）基本概念

为了方便叙述并帮助读者理解各种阵列设计方法，先简要介绍几个相关的术语。

- 原始特征：选定用于阵列的特征，是阵列时的父本特征。
- 实例特征：根据原始特征创建的一组副本特征。
- 一维阵列：仅仅在一个方向上创建阵列实例的阵列方式。
- 多维阵列：在多个方向上同时创建阵列实例的阵列方式。
- 线性阵列：使用线性尺寸创建阵列，阵列后的特征呈直线排列。
- 旋转阵列：使用角度尺寸创建阵列，阵列后的特征以指定中心呈环状排列。

图 5-2 所示为一维线性阵列的示例；图 5-3 所示为二维线性阵列的示例；图 5-4 所示为一维旋转阵列的示例；图 5-5 所示为二维旋转阵列的示例。

图 5-2　一维线性阵列　　　　　　图 5-3　二维线性阵列

图 5-4　一维旋转阵列　　　　　　图 5-5　二维旋转阵列

3. 创建尺寸阵列

尺寸阵列主要选取特征上的尺寸作为阵列设计的基本参数。在创建尺寸特征之前，首先需要创建基础实体特征以及原始特征。

（1）尺寸阵列的形式

在图 5-1 所示设计面板左侧的下拉列表中选择【尺寸】选项，并展开【选项】下拉面板，其中提供了 3 种尺寸阵列的形式，其对比如表 5-1 所示。

表 5-1 尺寸阵列方法的对比

比较项目	阵列方法		
	相同	可变	常规
实例特征再生速度	最快	一般	最慢
实例特征大小可否变化	否	可以	可以
实例特征可否与放置平面的边缘相交	否	可以	可以
特征之间可否交错重叠	否	否	可以
可否在原始特征的放置平面以外生成实例特征	否	可以	可以
示例图			

要点提示

由表 5-1 可以看出，【相同】阵列要求严格，一旦出现了不允许的设计操作，特征阵列会以失败告终，但是用这种方法创建的阵列简单而且特征再生迅速。【常规】阵列的设计约束少，应用广泛，但是实例特征再生时间长。【可变】阵列综合了两者的长处，是一种折中的阵列方法。

（2）确定驱动尺寸

从原始特征上选取一个或多个定形或定位尺寸作为驱动尺寸来确定实例特征的生成方向，将以该尺寸的标注参照为基准，沿尺寸标注的方向创建实例特征，如图 5-6 所示。

在选取驱动尺寸后，要注意根据驱动尺寸的标注参照来确定实例特征生成方向。阵列实例特征的生成方向总是从标注参照开始沿着尺寸标注的方向，如图 5-7 所示。

图 5-6　使用驱动尺寸

图 5-7　阵列实例

（3）确定尺寸增量

选取了阵列驱动尺寸后，接下来需要在此基础上进一步确定阵列尺寸增量，根据驱动尺寸类型的不同，尺寸增量主要有以下两种用途。

● 如果选取原始特征上的定位尺寸作为驱动尺寸，可以通过尺寸增量指明在该尺寸方向上各实例特征之间的间距。

● 如果选取原始特征上的定形尺寸作为驱动尺寸，可以通过尺寸增量指明在阵列方向上的各实例特征对应尺寸依次增加（或减小）量的大小。

在图 5-8 中，选取孔的定位尺寸 50.00 作为驱动尺寸，并为其设置尺寸增量 90.00，则生成的实例特征相互之间的中心距为 90.00；继续选取定形尺寸 50.00 作为另一个驱动尺寸，并为其设置尺寸增量 10.00，则生成的各实例特征的直径将依次增加 10.00。

图 5-8　尺寸增量应用示例

（4）确定阵列特征总数

最后确定在每一个阵列方向上需要创建的特征总数。这里需要注意的是，阵列特征总数包含原始特征在内。

（5）使用关系式创建阵列

为了使特征阵列的形式富于变化并且具有可编辑的特点，可使用关系来驱动阵列增量。当选取原始特征的一个尺寸作为驱动尺寸后，在为其指定尺寸增量时，可以使用关系式，这时每一个阵列实例的增量值由关系确定，不再是一个固定数值。

在编辑阵列关系中可以使用下列系统认可的参数。

- LEAD_V：导引值（也就是驱动尺寸）的参数符号。
- MEMB_V：确定每一个实例特征尺寸或位置时使用的参数符号。该参数相对于原始特征来定位每一个实例特征。
- MEMB_I：确定每一个实例特征尺寸或位置时使用的参数符号，不过该参数是相对于前一实例来定位每一个实例特征。
- IDX1：第 1 方向的阵列实例索引值，这些值每计算完一个阵列实例后自动递增 1。
- IDX2：第 2 方向的阵列实例索引值。

要点提示

MEMB_V 和 MEMB_I 是互相排斥的，两者不能同时出现在同一阵列关系式中。

4. 创建其他阵列

尺寸阵列虽然通用性很强，但是在设计操作时并不简便。在实际应用中，通常根据特征的具体情况选用以下阵列方法来进行设计，设计效率更高。

（1）创建方向阵列

方向阵列用于创建线性阵列，设计时使用方向参照来确定阵列方向。可以作为方向参照的元素有以下内容。

- 实体上的平直边线：阵列方向与边线的延伸方向一致。
- 平面或平整曲面：阵列方向与该平面（曲面）垂直。

- 坐标系：阵列方向与该坐标系中指定坐标轴的指向一致。
- 基准轴：阵列方向与该轴线的指向一致。

（2）创建轴阵列

轴阵列主要用于创建旋转阵列。设计中首先选取一个旋转轴线作为参照，然后围绕该旋转轴线创建特征阵列，既可以创建一维旋转阵列，也可以创建二维旋转阵列。

（3）创建参照阵列

在创建一个特征阵列之后，如果在原始特征上继续添加新特征并希望在各实例特征上也添加相同的特征，可以使用参照阵列。

（4）创建表阵列

表阵列是一种相对比较自由的阵列方式，常用于创建不太规则配置的特征阵列。在创建表阵列之前，首先收集特征的尺寸参数创建阵列表，然后使用文本编辑的方式编辑阵列表，为每个阵列实例特征确定尺寸参数，最后使用这些参数创建阵列特征。

（5）创建填充阵列

填充阵列是一种操作更加简便、实现方式更加多样化的特征阵列方法。在创建填充阵列时，首先划定阵列的布置范围，然后指定特征阵列的排列格式并微调有关参数，系统将按照设定的格式在指定区域内创建阵列特征。

（6）创建曲线阵列

曲线阵列是一种更加灵活的阵列方法，可以沿着曲线布置实例特征。

5.1.2　范例解析——特征阵列的应用

下面通过一组练习来帮助读者学习阵列操作的基本技巧。

1. 创建尺寸阵列

（1）打开素材文件"\第 5 章\素材\array1.prt"。

（2）选中模型上的孔，在【编辑】工具组中单击 ▦ 按钮，打开阵列工具，此时将显示模型上的所有尺寸参数，如图 5-9 所示。

（3）在设计面板中展开【尺寸】下拉面板，激活【方向 1】列表框，选取尺寸"50.00"作为驱动尺寸，设置阵列尺寸增量为"75.00"，表示在该尺寸方向上每两个实例特征中心的距离为"75.00"。

（4）按住 Ctrl 键继续选取直径尺寸"30.00"作为第 2 个驱动尺寸，设置尺寸增量为"5.00"，则在该阵列方向上各实例特征的直径依次增加"5.00"，如图 5-10 所示。

微课 19-1
特征阵列的应用——
尺寸阵列

图 5-9　显示特征参数　　　　　　图 5-10　阵列参数设置（1）

（5）激活【方向2】列表框，选取尺寸"40.00"作为驱动尺寸，设置阵列尺寸增量为"55.00"。

（6）按住 Ctrl 键继续选取直径尺寸"30.00"作为第 2 个驱动尺寸，设置尺寸增量为"-5.00"，则在该阵列方向上各实例特征的直径依次减小 5.00，如图 5-11 所示。

（7）设置第 1 方向和第 2 方向上的特征总数均为"5"，随后系统显示阵列效果预览，每个黑点代表一个阵列实例特征，如图 5-12 所示。设置完成的阵列面板如图 5-13 所示。

图 5-11 阵列参数设置（2）　　　　图 5-12 预览阵列结果

图 5-13 详细参数设置

（8）单击鼠标中键，最后创建的阵列结果如图 5-14 所示。

图 5-14 阵列结果

要点提示

在图 5-12 中，每个小黑点代表一个实例特征，单击某个小黑点使之变成空心点，对应的实例特征将被删除，再次单击空心点又可以变成小黑点，重新显示该实例特征，如图 5-15 所示。

图 5-15 删除部分实例的结果

（9）在模型对话框中单击阵列特征左侧的三角符号，展开阵列特征标记，其中第 1 个为原始特征，其余为实例特征，如图 5-16 所示。

图 5-16 模型树中的显示结果

（10）在模型树中的阵列特征上单击鼠标右键，在弹出的快捷菜单中选取【删除阵列】命令，删除阵列实例特征。

如果在弹出的快捷菜单中选取【删除】命令，将删除原始特征和所有阵列实例特征。

2. 创建方向阵列

（1）打开素材文件"\第 5 章\素材\array1.prt"。

（2）选中模型上的孔，在【工程】工具组中单击 囲 按钮，打开阵列设计工具。在面板左侧的下拉列表中选取【方向】选项，创建方向阵列。

（3）选取图 5-17 所示的边线作为方向参照，然后按照图 5-18 所示输入特征总数"6"和驱动尺寸"55"。

微课 19-2
特征阵列的应用—
方向阵列

图 5-17　选取方向参照

图 5-18　设置阵列参数（1）

（4）在参数面板中展开【尺寸】下拉面板，激活【尺寸 1】列表框，选取尺寸"40.00"作为第 1 个驱动尺寸，设置尺寸增量为"40.00"；按住 Ctrl 键选取直径尺寸"30.00"作为第 2 个驱动尺寸，设置尺寸增量为"6.00"，如图 5-19 所示。

（5）单击鼠标中键，最后创建的阵列结果如图 5-20 所示。

图 5-19　设置阵列参数（2）

图 5-20　阵列结果

3. 创建螺旋阵列

（1）打开素材文件"\第 5 章\素材\array2.prt"。

（2）选中模型上的孔，在【编辑】工具组中单击▦按钮，打开阵列设计工具。在参数面板左侧的下拉列表中选取【轴】选项，创建轴阵列。

（3）选取图 5-21 所示的轴线作为阵列参照，结果如图 5-22 所示。

微课 19-3
特征阵列的应用——
螺旋阵列

图 5-21　选取阵列轴线

图 5-22　阵列预览效果

（4）展开【尺寸】下拉面板，激活【尺寸 1】列表框，选取尺寸"200.00"作为第 1 个驱动尺寸，设置尺寸增量为"–8.00"；按住 Ctrl 键选取直径尺寸"50.00"作为第 2 个驱动尺寸，设置尺寸增量为"–2.00"，如图 5-23 所示。

图 5-23　设置阵列参数（1）

（5）按照图 5-24 所示设置特征总数"24"和特征间的角度增量"30"，单击鼠标中键后创建的实例特征逐渐逼近参照轴线，并且其直径逐渐减小，结果如图 5-25 所示。

图 5-24　设置阵列参数（2）

4. 创建参照阵列

（1）打开素材文件"\第 5 章\素材\array3.prt"。

（2）在模型树中展开阵列特征，选择原始特征，如图 5-26 所示。

（3）在【工程】工具组中单击 倒圆角 按钮，打开倒圆角工具，在原始特征上创建半径为"5.00"的倒圆角，结果如图 5-27 所示。

图 5-25　阵列结果

微课 19-4
特征阵列的应用——
参照阵列

图 5-26　选取原始特征

图 5-27　创建倒圆角

（4）选中新建的倒圆角特征，单击 按钮，打开阵列工具；目前仅有参照阵列可以使用。

（5）单击最内层的小黑点，使之显示为空心点，这些实例特征上将不创建倒圆角，而其余实例特征上将创建与原始特征参数相同的倒圆角，如图 5-28 所示。

（6）单击鼠标中键，结果如图 5-29 所示。

图 5-28　取消部分示例　　　　　　　　　　　图 5-29　阵列结果

 要点提示

如果原始特征上新建的特征具有多种可能的阵列结果，则用户可以根据需要选取适当的阵列方法。如果希望使用参照阵列，可以从阵列面板左侧的下拉列表中选取【参考】选项。

5．创建表阵列

（1）打开素材文件"\第 5 章\素材\array1.prt"。

（2）选中模型上的孔，单击 按钮，打开阵列设计工具。在面板左侧的下拉列表中选取【表】选项，创建表阵列。此时，模型上显示该孔的所有尺寸参数，如图 5-30 所示。

微课 19-5
特征阵列的应用—
表阵列

（3）展开【表尺寸】下拉面板，按住 Ctrl 键将孔的 3 个尺寸填写到尺寸列表中，如图 5-31 所示。

（4）在阵列面板上单击 编辑 按钮，打开文本编辑器，按照图 5-32 所示编辑阵列表，创建 4 个实例特征，注意表中每个特征参数的对应关系。

（5）在文本编辑器中选取菜单命令【文件】/【保存】，保存修改后的阵列表，然后选取菜单命令【文件】/【退出】，退出文本编辑器。

图 5-30　显示孔尺寸　　　　　　　　　　　图 5-31　添加表尺寸

 要点提示

阵列表中，"*"代表该参数与原始特征对应的参数相同。

（6）单击设计面板上的 ✔ 按钮，结果如图 5-33 所示。

图 5-32　编辑阵列表

图 5-33　阵列结果

6. 创建填充阵列

（1）打开素材文件"\第 5 章\素材\array4.prt"。

（2）选中模型上的孔，单击 按钮，打开阵列设计工具，在设计面板左侧的下拉列表中选取【填充】选项。

（3）在设计界面空白处长按鼠标右键，在弹出的快捷菜单中选取【定义内部草绘】命令，然后选取图 5-34 所示的平面作为草绘平面，单击鼠标中键，进入草绘模式。

（4）使用 □投影 工具选取实体模型的边线作为填充区域，如图 5-35 所示，完成后退出草绘模式。

微课 19-6
特征阵列的应用——
填充阵列

草绘平面

图 5-34　选取草绘平面

图 5-35　绘制草绘区域

（5）从面板左侧的第 2 个下拉列表中选取实例特征的排列阵型，主要有【正方形】、【菱形】、【三角形】、【圆】、【曲线】和【螺旋】等，这里选取【菱形】。

（6）在文本框 40.00 中输入实例特征之间的距离"40.00"。

（7）在文本框 20.00 中输入实例特征到草绘边界的距离"20.00"。

（8）在文本框 45.00 中输入实例阵列关于中心原点转过的角度"45.00"。此时，预览阵列效果如图 5-36 所示，图中标出了各参数的含义。

（9）单击取消图 5-37 所示的实例特征，然后单击鼠标中键，结果如图 5-38 所示。

图 5-36　预览阵列效果

图 5-37　删除实例特征

图 5-38　阵列结果

7. 创建曲线阵列

（1）打开素材文件"\第 5 章\素材\array5.prt"。

（2）选中模型上的菱形孔，打开阵列设计工具，在面板左侧的下拉列表中选取【曲线】选项，创建曲线阵列。

微课 19-7
特征阵列的应用——
曲线阵列

（3）在设计界面空白处长按鼠标右键，在弹出的快捷菜单中选取【定义内部草绘】命令，然后选取图 5-39 所示的平面作为草绘平面，单击鼠标中键，进入草绘模式。

（4）在【草绘】工具组中单击 偏移 按钮，在【类型】对话框中选取【环】单选项，然后任意选取一条模型边线从而选中整个模型边线链，如图 5-40 所示。

图 5-39　选取草绘平面

图 5-40　选取边链

（5）在【于箭头方向输入偏移】文本框中输入偏距数值"–30.00"，然后回车，最后在【草绘】面板中单击 按钮，创建的草绘曲线如图 5-41 所示。

（6）选中图 5-42 所示的参照点，在其上单击鼠标右键，在弹出的快捷菜单中选取【起点】命令，将其设为起始点，如图 5-43 所示，完成后退出草绘模式。

图 5-41　创建草绘曲线

图 5-42　选取起始点

 要点提示

通常将曲线上的起始点设置在距离原始特征最近的位置处，否则最后创建的阵列结果与参照曲线间的偏距太大。

（7）面板上的 工具用于设置实例特征之间的间距，本例中单击右侧的 按钮，输入特征总数"40"。

（8）单击鼠标中键，结果如图 5-44 所示。

图 5-43　设置起始点

图 5-44　阵列结果

8. 使用关系创建阵列特征

（1）使用拉伸方法创建一个长方体模型，其长、宽和高分别为 800.00、300.00 和 50.00。

（2）使用拉伸方法在模型上切出一个圆孔。在绘制特征的草绘剖面时，注意按照图 5-45 所示选取尺寸参照标注尺寸，结果如图 5-46 所示。

微课 19-8
特征阵列的应用——
关系阵列

图 5-45　绘制草绘截面

图 5-46　创建的圆孔

（3）选中孔特征，单击 按钮，打开阵列设计面板，此时模型上将显示原始特征的 3 个尺寸参数，如图 5-47 所示。

（4）展开【尺寸】下拉面板，选取定位尺寸"40.00"作为第 1 个驱动尺寸，暂时接受默认尺寸增量参数，注意此时系统显示该尺寸的代号为"d10"，如图 5-48 所示。

图 5-47　显示特征参数

图 5-48　选取驱动尺寸（1）

（5）选中该驱动尺寸后，再选中下方的【按关系定义增量】复选项，最后单击 编辑 按钮，打开【关系】对话框，输入图 5-49 所示的关系，完成后关闭对话框。

图 5-49　输入关系（1）

为了便于读者理解关系式"memb_i=(d1-(2*d10))/9"的含义，特做以下说明。

- "memb_i"代表每一个阵列实例相对于前一个阵列实例在该阵列方向上的尺寸增量，在本例中也就是两个阵列实例之间的距离。
- "d1"代表基础实体特征的长度（也就是尺寸800.00的符号尺寸）。
- "d10"为驱动尺寸。
- 本例中阵列特征总数为"10"，10个特征之间具有9个相等的间距。此处的特征总数为一暂定值，稍后还可以修改。
- 该关系式的含义是在整个基础实体特征的长度方向上均匀排列所有的阵列实体特征。
- 在 Creo3.0 中，模型尺寸有两种表示方法：一种是数值；另一种是使用字母和数字组成的符号，如本例的 d1 和 d10。

要点提示

在模型树窗口的某一特征上单击鼠标右键，在弹出的快捷菜单中选取【编辑】命令，此时显示特征上的所有尺寸，不过是数值形式，继续在【工具】功能区的【模型意图】工具组中单击 d=关系 按钮就可以看到符号尺寸了，如图 5-50 所示。

图 5-50　查看符号

（6）按住 Ctrl 键继续选取竖直方向上的尺寸"150.00"作为第 2 个驱动尺寸，如图 5-51 所示。

（7）用与步骤（4）、（5）相同的方法打开【关系】对话框，为该驱动尺寸的尺寸增量增加关系式，如图 5-52 所示，完成后关闭对话框。

图 5-51　选取驱动尺寸（2）

图 5-52　输入关系（2）

下面简要说明关系式"memb_v=lead_v+100*sin((360/9)*idx1)"的含义。

● "memb_v"代表每一个阵列实例在竖直方向上的位置，也可以理解为相对于原始特征的距离。

● "lead_v"此处可以理解为驱动尺寸值。

● "100*sin((360/9))*idx1"为每一个实例特征相对于原始特征的位移增量。本例中将沿一条正弦曲线阵列特征，"360"代表一个圆周对应的 360°，"9"为阵列特征总数减 1，"idx1"为阵列实例索引，初值为"1"，每创建一个实例后，其值增加 1。

● 该关系式的含义是在竖直方向上各实例特征的位置在原始特征的基础上按照正弦规律变化。

（8）按住 Ctrl 键继续选取孔的直径尺寸"30.00"作为第 3 个驱动尺寸，如图 5-53 所示。

（9）打开【关系】对话框，编辑关系式，如图 5-54 所示，该关系式的含义是使孔的直径大小在原始特征基础上按照正弦规律变化。完成后关闭对话框。

图 5-53　选取驱动尺寸（3）

图 5-54　输入关系（3）

（10）在图 5-55 所示的参数面板中设置特征总数为"10"，确认后生成的阵列结果如图 5-56 所示。

图 5-55　参数面板

图 5-56　阵列结果

 要点提示

在原始特征上选取驱动尺寸后，通过关系式为其指定尺寸增量。在设计完成后，如果修改基础实体特征，阵列结果也将自动更新，修改阵列特征总数后，阵列结果也将在关系式的驱动下自动更新。

5.2　特征复制

通过特征复制的方法可以复制模型上的现有特征（称之为原始特征），并将其放置在零件的一个新位置上，以快速"克隆"已有对象，避免重复设计，提高设计效率。

5.2.1　知识准备

1．复制的应用

特征复制主要有指定参照复制、镜像复制和移动复制 3 种基本方法。在【模型】功能区中单击 复制 按钮，即可启动特征复制工具。

2．指定参照复制

指定参照复制是将选定的特征按照指定的参照在另一处创建副本特征，复制时可以使用与原始特征相同的参照，也可重新选取新参照，并可以更改实例特征的尺寸。

3．镜像复制

镜像复制操作主要用于创建关于选定平面对称的结构，本节将重点说明从属属性在特征复制中的应用。

4．移动复制

移动复制可以对选定的特征进行移动和旋转来重新设置特征的放置位置，使用更加灵活多样，应用更广泛。

5.2.2　范例解析——特征复制的应用

下面结合操作实例来介绍特征复制的常用方法。

1．使用【新参照】复制特征

（1）打开素材文件"\第 5 章\素材\copy1.prt"。

（2）使用【新参考】复制特征。在快速访问工具栏中单击 按钮，打开【菜单管理器】，选取【特征】选项，打开【复制】菜单，选取默认的【新参考】、【选择】、【独立】和【完成】选项，选取模型上的孔特征作为复制对象，如图 5-57 所示，然后在【选择特征】菜单中选取【完成】选项。

微课 20-1
特征复制的应用

要点提示

在【复制特征】菜单中选择【独立】选项时，复制后的特征与原始特征之间不会建立关联关系，这样修改原始特征时，对复制后的实例特征没有影响。如果选取【从属】选项，则在两者之间建立起了关联关系，修改原始特征时，复制特征也会随之改变。

（3）此时模型上会显示该特征的所有尺寸参数，同时弹出【组可变尺寸】菜单，选中需要在复制特征时变更的尺寸。这里选中了 4 个尺寸，分别是孔的两个定位尺寸和深度方向上的两个定形尺寸，如图 5-58 所示，然后选取【完成】选项。

图 5-57　选取复制对象

图 5-58　选取参数

 要点提示

将鼠标光标指向【组可变尺寸】菜单中的尺寸项目时，模型上相应的尺寸变为红色，这样即可将【组可变尺寸】菜单中的符号尺寸与模型上的尺寸关联起来。

（4）为尺寸 Dim1 输入新值"80.00"，然后回车；为尺寸 Dim2 输入新值"150.00"，然后回车；为尺寸 Dim4 输入新值"30.00"，然后回车；为尺寸 Dim6 输入新值"50.00"，然后回车。

（5）系统提示为孔选取放置参照，并提示原始特征的参照，单击【参考】菜单中的【替代】选项，按照图 5-59 所示选取替换的平面。

（6）使用图 5-60 所示的平面替换原始特征的第 1 个偏移参照，继续使用图 5-61 所示的平面作为原始特征的第 2 个参考。

图 5-59　选取参考（1）　　　　　　　　　　图 5-60　选取参考（2）

（7）在【组放置】菜单中选取【完成】选项，结束特征复制操作。这里使用新参照复制了特征，在确保特征形状相似的情况下，更改了特征尺寸，复制结果如图 5-62 所示。

图 5-61　选取参考（3）　　　　　　　　　　　图 5-62　复制结果

2. 使用【相同参考】复制对象

（1）在快速访问工具栏中单击 按钮，打开【菜单管理器】，选取【特征】选项，打开【复制】菜单，选取【相同参考】、【选择】、【独立】和【完成】选项。

（2）选取图 5-57 所示的孔特征为复制对象，然后在【选择特征】菜单中选取【完成】选项。

（3）由于原始特征和实例特征使用相同的定位参照，因此这里只需要修改模型的尺寸参数即可，按照图 5-63 所示选取要修改的尺寸，然后在【组可变尺寸】菜单中选取【完成】选项。

（4）为尺寸 Dim2 输入新值"225.00"，然后回车；为尺寸 Dim3 输入新值"60.00"，然后回车；为尺寸 Dim5 输入新值"30.00"，然后回车。

（5）在【组元素】对话框中单击 确定 按钮，复制结果如图 5-64 所示。

图 5-63　选取尺寸　　　　　　　　　　　图 5-64　复制结果

3. 镜像复制特征

（1）打开素材文件"\第 5 章\素材\copy1.prt"。

（2）选中模型树窗口中的"孔 1"，单击【编辑】工具组中的 镜像 按钮。系统提示选取镜像参照，选取基准面 TOP 后创建镜像结果，如图 5-65 所示。

（3）在模型树窗口中的"孔 1"标识上单击鼠标右键，在弹出的快捷菜单中单击 按钮，将孔尺寸"40.00"修改为"60.00"，如图 5-66 所示。

（4）在完成修改的特征中可以看到原始特征和实例特征同时发生改变，如图 5-67 所示，这是因为在特征复制时设置了【从属】属性。

（5）在模型树窗口中单击顶部的特征标识，如图 5-68 所示，然后在【编辑】工具组中单击 镜像 按钮，打开镜像工具面板，按照图 5-69 所示选取镜像参照，单击鼠标中键，将模型

微课 20-2
特征复制的应用——
镜像复制

整体镜像后的结果如图 5-70 所示。

图 5-65 镜像结果

图 5-66 修改尺寸

图 5-67 修改尺寸后的结果

图 5-68 选取对象

图 5-69 选取镜像参照

图 5-70 整体镜像结果

5.2.3 提高训练——创建旋转楼梯

下面将通过典型实例进一步介绍特征的常用操作方法。

1. 新建文件

新建名为"stair"的零件文件，使用默认模板进入三维建模环境。

2. 创建第 1 个拉伸实体特征

（1）启动拉伸工具，选取基准平面 FRONT 作为草绘平面。

（2）绘制图 5-71 所示的截面图，完成后退出草绘模式。

（3）按照图 5-72 所示设置特征参数，最后创建的拉伸特征如图 5-73 所示。

微课 21
创建旋转楼梯

图 5-71　绘制草绘截面

图 5-72　设置拉伸参数

3. 创建第 2 个拉伸实体特征

（1）启动拉伸工具。选取基准平面 FRONT 作为草绘平面，此时系统默认的草绘视图方向如图 5-74 所示的箭头方向，在【草绘】对话框中单击 反向 按钮改变其指向，如图 5-75 所示，接受系统其他默认参照放置草绘平面后，进入二维草绘模式。

图 5-73　创建的拉伸特征

图 5-74　草绘视图方向

（2）在草绘平面内按照以下步骤绘制拉伸剖面。

● 用 □ 投影 工具绘制图 5-76 所示的一段圆弧。

图 5-75　改变草绘视图方向

图 5-76　绘制圆弧（1）

● 用 线 工具绘制图 5-77 所示的两条线段。
● 用 弧 工具绘制图 5-78 所示的一段同心圆弧。
● 裁去图形上的多余线条，保留图 5-79 所示的剖面图，完成后退出草绘模式。

图 5-77　绘制线段　　　　　　图 5-78　绘制圆弧（2）　　　　　　图 5-79　修剪图形

（3）按照图 5-80 所示设置拉伸参数：拉伸深度为"5"。确保拉伸方向如图 5-81 中的箭头指向所示。

图 5-80 设置拉伸参数

图 5-81 特征生成方向

（4）在面板上确认设计参数后，最后创建的拉伸特征如图 5-82 所示。

4. 复制拉伸实体特征

（1）选中步骤 3 创建的拉伸特征，在【操作】工具组中单击 复制 按钮，再单击 粘贴 按钮右侧的下拉按钮，选取【选择性粘贴】选项，打开【选择性粘贴】对话框，如图 5-83 所示，选择【对副本应用移动/旋转变换】复选项，然后单击 确定(O) 按钮，打开【移动(复制)】面板。

图 5-82 创建的拉伸特征　　　　　　　　图 5-83 菜单操作

（2）在【移动(复制)】面板中展开【变换】下拉面板，在【设置】下拉列表中选取【旋转】选项，在【方向参考】列表框中选取轴线作旋转参照，如图 5-84 所示，设置旋转角度为"15"，结果如图 5-85 所示。

图 5-84 参数设置（1）　　　　　　　　图 5-85 旋转结果

（3）选择【新移动】添加条件，默认【设置】为【移动】，选取图 5-85 所示的平面为参考，输入移动距离"5"，此时的参数面板如图 5-86 所示，单击 ✓ 按钮完成操作，结果如图 5-87 所示。

图 5-86 参数设置（2）　　　　　　　　图 5-87 复制结果

5. 创建阵列特征

（1）选中步骤4创建的复制特征，然后在【编辑】工具组中单击▦按钮，打开阵列设计面板。

（2）展开【尺寸】下拉面板，首先选中步骤4（3）复制特征时的平移距离尺寸"5"，然后按住Ctrl键再选取旋转尺寸"15"作为驱动尺寸，如图5-88所示，按照图5-89所示设置尺寸增量。

图 5-88 选取驱动尺寸

图 5-89 设置阵列参数（1）

（3）按照图 5-90 所示设置其他阵列参数：尺寸 1 为"19"、尺寸 2 为"2"。预览阵列效果，如图 5-91 所示，最终创建的阵列结果如图 5-92 所示。

图 5-90 设置阵列参数（2）

图 5-91 预览阵列结果

图 5-92 最终阵列结果

5.3 特征操作

使用 Creo 3.0 创建三维模型的过程实际上是一个不断修正设计结果的过程。特征创建完成后，根据设计需要还可对其进行各种操作，熟练掌握这些操作工具能全面提高设计效率。

5.3.1　知识准备

1.　删除特征

在设计过程中，用户可以根据设计需要从模型上删除某一个或某几个特征。

（1）删除方法

可以使用以下两种方法选中特征删除工具。

- 在模型树窗口的特征标识上单击鼠标右键，然后在弹出的快捷菜单中选取【删除】命令，如图 5-93 所示。

- 选中准备删除的特征后，按 Delete 键。

（2）注意事项

对指定特征进行删除操作之前，必须注意以下基本问题。

① 删除操作的基本单位是特征：包括使用各种方法创建的基础实体特征、工程特征及基准特征等。

② 对于具有主从关系（以其为基准参照建立了别的特征）的特征，在删除主特征时，必须给其从属特征选取一种适当的处理方法。

③ 一般来说，特征删除后不能简单恢复。若要恢复，可使用系统提供的轨迹文件（trail.txt 文件）。

要点提示

"trail.txt"文件是记录模型创建过程的文件。在设计过程中，如果希望恢复到前面某一个设计步骤，可以通过编辑"trail.txt"来实现。首先用写字板或记事本打开"trail.txt"，然后将希望恢复到的设计之后的操作删除并存盘，最后用 Creo 3.0 打开文件即可。

（3）删除操作

在特征删除操作中，如果选取了具有主从关系的特征作为删除对象，系统会弹出图 5-94 所示的【删除】对话框，询问是否确定要执行删除操作。

图 5-93　删除特征

图 5-94　【删除】对话框

【删除】对话框中提供了 3 种操作。

- 确定 ：确认删除操作，该操作将删除选定的特征及其从属特征，该特征的所有从属特征将在模型树窗口中加亮显示，如图 5-95 所示。
- 取消 ：放弃删除操作。
- 选项>> ：单击此按钮后，打开图 5-96 所示的【子项处理】对话框，在【状况】下拉列表中有两种处理子项的方法：选取【删除】选项，将删除该从属特征；选取【挂起】选项后，该从属特征将被暂时保留，在再生模型时再重新指定参照。

图 5-95　加亮的子特征　　　　　　　　图 5-96　【子项处理】对话框

2. 编辑特征

如果对创建的模型不满意，可用修改工具对模型中的特征进行修改。在使用 Creo 3.0 进行建模的过程中，设计者需要熟练使用设计修改工具反复修改设计内容，直至满意为止。

首先在模型树窗口中选取需要修改的特征，然后在其上单击鼠标右键，在弹出的快捷菜单中单击 （编辑）按钮，如图 5-97 所示。此时，系统将显示该特征的所有尺寸参数。双击需要修改的尺寸参数后，输入新的尺寸即可，如图 5-98 所示。

图 5-97　快捷菜单　　　　　　　　图 5-98　编辑尺寸

特征编辑完毕后，在【操作】工具组中单击 （重新生成）按钮再生模型。

再生模型时，系统会根据特征创建的先后顺序依次再生每一个特征。如果使用了不合理的设计参数，还可能导致特征再生失败。

3. 编辑定义特征

使用编辑特征的方法来修改设计意图，操作简单、直观，但是这种方法功能比较单一，它主要用于修改特征的尺寸参数。如果需要全面修改特征创建过程中的设计内容，包括草绘平面的选取、参照的选取以及草绘剖面的尺寸等，则应使用编辑定义特征的方法。

首先在模型树窗口中选取需要编辑定义的特征，然后在其上单击鼠标右键，在弹出的快捷菜单中单击 （编辑定义）按钮，打开创建该特征的设计面板，重新设定需要修改的参数即可。

4. 插入特征

使用 Creo 3.0 进行特征建模时，系统根据特征创建的先后顺序搭建模型。如果希望在已经创建完成的两个特征之间加入新特征，可以使用插入特征的方法。这样能够方便设计者在一项规模很大的设计基本完成之后，根据需要添加某些细节特征以进一步完善设计内容。

5. 重排特征顺序

根据 Creo 3.0 的建模思想，特征是以一定的先后顺序按照"搭积木"的方式依次创建的，从而构成严整的特征。但是这并不意味着这种特征结构是不能改变的，在一定条件下，可以调整特征中模型的设计顺序，这时可以使用重排特征顺序的操作来实现。

可以重排一个模型中特征的创建顺序并不意味着可以随便更改任意两个特征的设计顺序，在操作时必须注意以下两个基本原则。

● 重排特征顺序时，不能违背特征之间的主从关系，也就是说不能把从属特征调整到主特征的前面。通常的情况是调整顺序的几个特征之间相互独立，没有主从关系。

● 在重排特征顺序时，应该首先了解模型的特征构成，做到心中有数。对于比较复杂的模型，应先查看模型的特征构成。

6. 控制模型的可见性

模型创建完毕后，数量繁多的各类特征会使整个视图显得很杂乱，这时可以根据需要隐藏部分特征（例如基准特征），如图 5-99 所示。

隐藏基准特征前　　　　　　隐藏基准特征后

图 5-99　隐藏基准特征

还可以隐藏某些元件以便观察被其遮挡的其他元件。图 5-100 所示为一根装配好了的轴，在齿轮和轴之间采用键连接，为了方便观察轴和键的连接情况，可以把齿轮隐藏起来。

图 5-100　隐藏齿轮

可以使用以下两种方法来控制模型的可见性。

● 隐藏：隐藏选定的对象，使其不可见，但是该对象依然存在于模型中，系统再生模型仍然会再生该对象。

● 隐含：将选定的对象暂时排除在模型之外，系统再生模型时不会再生该对象。

（1）隐藏对象

隐藏对象的方法主要用于在零件模式下暂时隐藏基准点、基准平面以及基准曲线等基准特征，在组件模式下暂时隐藏指定的元件。

在模型树窗口中的选定对象上单击鼠标右键，在弹出的快捷菜单中选取【隐藏】命令，被隐藏对象的信息依然在模型树窗口中，只不过其图标上将显示黑色底纹，如图 5-101 所示。

图 5-101　隐藏对象

可以隐藏的对象包括基准平面、基准轴、基准点、坐标系、基准曲线、曲面或面组以及组件中的元件等。在模型树窗口中的隐藏对象上单击鼠标右键，在弹出的快捷菜单中选取【取消隐藏】命令即可取消对象的隐藏。

（2）隐含对象

在模型树窗口中的选定对象上单击鼠标右键，在弹出的快捷菜单中选取【隐含】命令可以隐含该对象。隐含操作要暂时将该对象排除在模型之外，因此该对象不但不可见，而且其相关信息也不会显示在模型树窗口中。

同删除操作相似，如果被隐含的对象具有从属特征，系统也会弹出图 5-102 所示的对话框，提示对从属特征进行必要的处理，相关的处理方法与删除特征类似。

图 5-102 隐含对象

🎯 **要 点 提 示**

与删除操作不可逆不同，被隐含的对象可以恢复。在【操作】工具组中展开下拉工具，选取【恢复】/
【恢复】选项，可以恢复上一个隐藏的特征；选取【恢复】/【恢复上一个集】选项，可以依次恢复隐含
的各个特征；选取【恢复】/【恢复全部】选项，可以恢复全部隐含特征。

5.3.2 范例解析——特征的常用操作

下面结合范例讲解特征的常用操作方法。

1. 重定义特征草绘截面

（1）打开素材文件"\第 5 章\素材\redefine1.prt."，如图 5-103 所示。

（2）在模型上选中上部的孔，系统在模型树窗口中加亮该特征，在其上单击
鼠标右键，在弹出的快捷菜单中单击 🖉（编辑定义）按钮，如图 5-104 所示。

微课 22-1
特征的常用操作——
重定义草绘截面

图 5-103 打开的模型

图 5-104 启动编辑定义工具

（3）系统打开创建该特征时的拉伸设计面板，如图 5-105 所示。

图 5-105 拉伸设计面板

（4）在设计界面空白处长按鼠标右键，在弹出的快捷菜单中选取【编辑内部草绘】命令，进入二维草

绘模式。

（5）删除原来的圆形剖面，重新绘制方形剖面，如图 5-106 所示，完成后退出草绘模式。

（6）单击鼠标中键，系统根据新的设计参数再生模型，结果如图 5-107 所示。

图 5-106　修改截面图　　　　　　　　　　　图 5-107　再生结果

 要点提示

除了可以编辑定义特征剖面之外，还可以在面板上编辑定义特征的其他参数，例如，特征深度、特征生成方向以及特征的加减材料属性等。

2. 插入特征

（1）打开素材文件 "\第 5 章\素材\insert.prt"，如图 5-108 所示，该模型上包括 1 个加材料的拉伸特征和 1 个壳特征。

（2）在模型树窗口底部有一个 "在此插入" 标记，如图 5-109 所示。

微课 22-2
特征的常用操作——
插入特征

图 5-108　打开的模型　　　　　　　图 5-109　"在此插入" 标记

（3）拖动 "在此插入" 标记，将其移动到 "拉伸 1" 特征下，在该特征后插入新特征。该标记下的特征将被隐藏，被隐藏的特征标识的左上角处有一黑色隐藏标记，同时窗口中将显示 "插入模式" 字样，如图 5-110 所示。

图 5-110　设计环境

（4）在【工程】工具组中单击 倒圆角 按钮，打开倒圆角设计面板。按照图 5-111 所示选取 8 条边线作为圆角放置参照，设置圆角半径为 "40.00"，最后单击鼠标中键，创建倒圆角特征，结果如图 5-112 所示。

（5）在模型树窗口中将 "在此插入" 标记拖回窗口底部，再生模型，结果如图 5-113 所示。可以看出，通过插入方法创建的倒圆角特征的效果和按照自然顺序创建的倒圆角特征完全相同。

图 5-111　选择倒圆角参照　　　　　图 5-112　倒圆角结果　　　　　图 5-113　再生结果

3. 重排特征顺序

（1）打开素材文件 "\第 5 章\素材\reorder.prt"，如图 5-114 所示，该模型包括 1 个拉伸实体特征、1 个壳特征和 1 个孔特征，由于壳特征和孔特征之间没有主从关系，因此可以重排两者的顺序。

（2）查看重排序前的模型构成。从模型树窗口可以看到，重排序之前先创建壳特征后创建孔特征，如图 5-115 所示。

图 5-114　打开的模型　　　　　　　　图 5-115　模型树窗口

（3）在模型树窗口中选中壳特征的标识，按住鼠标左键将其拖到孔特征的标识下，拖动时会出现黑色标志杆，如图 5-116 所示。

（4）系统自动再生模型，结果如图 5-117 所示。

图 5-116　调整特征顺序　　　　　　　图 5-117　再生结果

5.4 模型的参数化设计

参数化设计是 Creo 重点强调的设计理念。参数是参数化设计中的核心概念，在一个模型中，参数是通过"尺寸"的形式来体现的。参数化设计的突出优点在于可以通过变更参数的方法来方便地修改设计意图，从而修改设计结果。关系式是参数化设计中的另外一项重要内容，它体现了参数之间相互制约的主从关系。

5.4.1 知识准备

1. 参数

参数是模型中可以变更的设计对象，是参数化设计的要素之一。参数与模型一起存储，可以标明不同模型的属性。

（1）参数概述

有时候需要创建的一组产品，它们在结构特点和建模方法上都具有极大的相似之处，例如一组不同齿数的齿轮、一组不同直径的螺钉等。如果能够对一个已经设计完成的模型做最简单的修改就可以获得另外一种设计结果（例如，将一个具有 30 个轮齿的齿轮改变为具有 40 个轮齿的齿轮），那将大大节约设计时间，增加模型的利用率。

要完全确定一个长方形的形状和大小，需要给出其长、宽和高 3 个尺寸。在 Creo 中，可以将其长、宽和高 3 个数据设置为参数，将这些参数与图形中的尺寸建立关联关系后，只要变更参数的具体数值，就可以轻松改变模型的形状和大小。

（2）参数的设置

新建零件文件后，在【工具】功能区的【模型意图】工具组中单击 $\{\}$ 参数 按钮，打开图 5-118 所示的【参数】对话框，利用该对话框创建或编辑用户定义的参数。

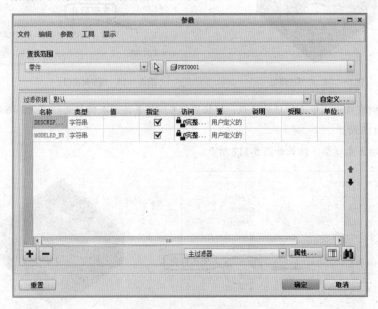

图 5-118 【参数】对话框

单击【参数】对话框左下角的 ➕ 按钮，在中部列表框中将新增一行内容，依次为参数设置以下属性项目。

① 【名称】。参数的名称和标识用于区分不同参数。Creo 中的参数不区分大小写，如参数"D"和参数"d"是同一个参数。参数名不能包含非字母和数字的字符，如 !、"、@ 和 #等。

要点提示

用于关系的参数必须以字母开头，而且一旦设定了用户参数的名称，就不能对其进行更改。

② 【类型】。【类型】用于为参数指定类型。可以选用的类型如下。
- 【整数】：整型数据，如齿轮的齿数等。
- 【实数】：实数数据，如长度、半径等。
- 【字符串】：符号型数据，如标识等。
- 【是否】：二值型数据，如条件是否满足等。

③ 【值】。【值】用于为参数设置一个初始值，该值可以在随后的设计中修改，从而变更设计结果。

④ 【指定】。选中列表中的复选项可以使参数在 PDM（Product Data Management，产品数据管理）系统中可见。

⑤ 【访问】。【访问】用于为参数设置访问权限。可以选用的访问权限如下。
- 【完整】：无限制的访问权限，用户可以随意访问参数。
- 【限制的】：具有限制权限的参数。
- 【锁定】：锁定的参数，这些参数不能随意更改，通常由关系决定其值。

⑥ 【源】。【源】用于指明参数的来源，常用的来源如下。
- 【用户定义的】：用户定义的参数，其值可以自由修改。
- 【关系】：由关系驱动的参数，其值不能自由修改，只能由关系来确定。

要点提示

在参数之间建立关系后可以将由用户定义的参数变为由关系驱动的参数。

⑦ 【说明】。【说明】是关于参数含义和用途的注释文字。

⑧ 【受限制的】。【受限制的】用于创建其值受限制的参数。参数值在限制定义文件中定义，创建受限制值参数后，它们的定义存在于模型中而与参数文件无关。

⑨ 【单位】。【单位】用于为参数指定单位，其值可以从其下的下拉列表中选取。

（3）增删参数的属性项目

前面介绍的参数包含了上述属性项目，设计者在使用时可以根据个人爱好去除以上 9 项中除"名称"之外的其他属性项目，具体操作步骤如下。

① 单击图 5-119 中的 ⊞ 按钮，打开【参数表列】对话框。

② 在【参数表列】对话框中单击 « 按钮，选取不显示的项目，如图 5-120 所示。

（4）编辑属性参数项目

增加新的参数后，用户可以在参数列表中直接编辑该参数，为各个属性项目设置不同的值。也可以在【参数】对话框的右下角单击 属性... 按钮，打开图 5-121 所示的【参数属性】对话框进行编辑。

图 5-119 【参数】对话框

图 5-120 【参数表列】对话框

（5）向特定对象中添加参数

在【参数】对话框的【查找范围】下拉列表中选择想要对其添加参数的对象类型。这些对象主要有以下内容。

● 【零件】：在零件中设置参数。

● 【特征】：在特征中设置参数。

● 【继承】：在继承关系中设置参数。

● 【面组】：在面组中设置参数

● 【曲面】：在曲面中设置参数。

● 【边】：在边中设置参数。

● 【曲线】：在曲线中设置参数。

● 【复合曲线】：在复合曲线中设置参数。

● 【注释元素】：存取为注释特征元素定义的参数。

● 【材料】：在材料中设置参数。

如果在特征上创建参数，可以在模型树窗口中的选定特征上单击鼠标右键，然后在弹出的快捷菜单中选取【编辑参数】命令，如图 5-122 所示，也将打开【参数】对话框，以便进行参数设置。如果选取多个对象，则可以编辑所有选取对象中的公用参数。

图 5-121 【参数属性】对话框

图 5-122 菜单操作

（6）删除参数

如果要删除某一个参数，可以首先在【参数】对话框的参数列表中选中该参数，然后在对话框底部单击 **—** 按钮，删除该参数。但是不能删除由关系驱动的或在关系中使用的用户参数。对于这些参数，必须先删除其中使用参数的关系，然后再删除参数。

（7）应用示例

下面为一个长方体模型定了 3 个参数。

- *L*：长。
- *W*：宽。
- *H*：高。

完成定义后的【参数】对话框如图 5-123 所示。

图 5-123　【参数】对话框

2. 关系

关系是参数化设计的另一个要素，通过关系可以在参数和对应模型之间引入特定的主从关系。当参数值变更后，可通过这些关系来规范模型再生后的形状和大小。

（1）【关系】对话框

在【工具】功能区的【模型意图】工具组中单击 **d=关系** 按钮打开图 5-124 所示的【关系】对话框。展开对话框底部的【局部参数】面板，该面板用于显示模型上已经创建的参数，如图 5-125 所示。

（2）将参数与模型尺寸相关联

在参数化设计中，通常需要将参数和模型上的尺寸相关联，这主要是通过在【参数】对话框中编辑关系式来实现的。下面介绍基本设计步骤。

① 创建模型。按照前面的介绍，用户在为长方体模型创建了 *L*、*W* 和 *H* 这 3 个参数后，再使用拉伸的方法创建图 5-126 所示的模型。

② 显示模型尺寸。要在参数和模型上的尺寸之间建立关系，首先必须显示模型尺寸。比较简单快捷地显示模型尺寸的方法是在模型树窗口的相应特征上单击鼠标右键，然后在弹出的快捷菜单中单击 按钮，如图 5-127 所示。图 5-128 所示为显示模型尺寸后的结果。

图 5-124 【关系】对话框

图 5-125 【局部参数】面板

图 5-126 长方体模型

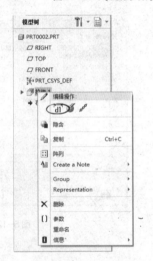

图 5-127 快捷菜单

③ 编辑关系式。打开【关系】对话框，模型上的尺寸将以代号形式显示，如图 5-129 所示。用户可以直接输入关系，也可以单击模型上的尺寸代号并配合【关系】对话框左侧的运算符号按钮来编辑关系。按照图 5-130 所示，为长宽高 3 个尺寸与 L、W 和 H 3 个参数之间建立关系，编辑完后，单击对话框中的 确定 按钮保存关系。

图 5-128 显示尺寸

图 5-129 显示代号尺寸

④ 再生模型。在【模型】面板的【操作】工具组中单击 按钮，再生模型。系统将使用新的参数值（ L = 30、 W = 40 和 H = 50）更新模型，结果如图 5-131 所示。

图 5-130 【关系】对话框（1）

图 5-131 再生结果（1）

⑤ 增加关系。如果希望将该长方体模型改为正方体模型，再次打开【关系】对话框，继续添加图 5-132 所示的关系即可。图 5-133 所示为再生后的模型。

图 5-132 增加关系式

图 5-133 再生结果（2）

要点提示

注意关系" $W=L$ "与" $L=W$ "的区别，前者用参数 L 的值更新参数 W 的值，建立该关系后，参数 W 的值被锁定，只能随参数 L 的改变而改变，如图 5-134 所示。后者的情况刚好相反。

图 5-134 【关系】对话框（2）

5.4.2　范例解析——创建参数化齿轮

创建参数化的齿轮模型时，先创建参数，再创建组成齿轮的基本曲线，最后创建齿轮模型，通过在参数间引入关系的方法使模型具有参数化的特点，如图 5-135 所示。

1. 新建零件文件

（1）单击□按钮，打开【新建】对话框，在【类型】分组框中选择【零件】单选项，在【子类型】分组框中选择【实体】单选项，在【名称】文本框中输入"gear"。

（2）取消选中【使用默认模板】复选项。单击 确定 按钮，打开【新文件选项】对话框，选中

图 5-135 齿轮模型

微课 23-1
创建参数化齿轮 1

【mmns_part_solid】选项，设置毫米单位制，单击 确定 按钮进入三维环境。

2. 设置齿轮参数

（1）在【工具】功能区的【模型意图】工具组中单击[]参数按钮，打开【参数】对话框。

（2）单击➕按钮，依次将齿轮的各参数添加到参数列表框中，添加的内容如表 5-2 所示。完成后的【参数】对话框如图 5-136 所示，单击 确定 按钮后关闭对话框，保存参数设置。

表 5-2　增加的参数

序号	名称	类型	数值	说明
1	m	实数	2	模数
2	z	整数	25	齿数

（续表）

序号	名称	类型	数值	说明
3	$Alpha$	实数	20	压力角
4	h_{ax}	实数	1	齿顶高系数
5	c_x	实数	0.25	顶隙系数
6	B	实数	20	齿宽
7	h_a	实数	–	齿顶高
8	h_f	实数	–	齿根高
9	x	实数	–	变位系数
10	d_a	实数	–	齿顶圆直径
11	d_b	实数	–	基圆直径
12	d_f	实数	–	齿根圆直径
13	d	实数	–	分度圆直径

 要点提示

在设计标准齿轮时，只需确定齿轮的模数 m 和齿数 z 这两个参数，分度圆上的压力角 $Alpha$ 为标准值 20，国家标准明确规定齿顶高系数 h_{ax} 和顶隙系数 c_x 分别为 1 和 0.25，而齿根圆直径 d_f、基圆直径 d_b、分度圆直径 d 以及齿顶圆直径 d_a 可以根据关系式计算得到。

3. 绘制齿轮基本圆

（1）单击 按钮，启动草绘曲线工具。

（2）选取基准平面 FRONT 作为草绘平面，接受其他参照设置，进入二维草绘界面。

（3）在草绘平面内绘制任意尺寸的 4 个同心圆，如图 5-137 所示，暂时不退出草绘环境。

微课 23-2
创建参数化齿轮 2

图 5-136 【参数】对话框

图 5-137 绘制同心圆

4. 创建齿轮关系式并确定齿轮尺寸

（1）在【工具】功能区的【模型意图】工具组中单击 d=关系 按钮，打开【关系】对话框，此时图形上的尺寸将以代号的形式显示，如图 5-138 所示。

（2）按照图 5-139 所示在【关系】对话框中分别添加齿轮的分度圆直径、基圆直径、齿根圆直径以及齿顶圆直径的关系式，通过这些关系式和已知的参数来确定上述参数的数值。

图 5-138 显示尺寸代号   图 5-139 【关系】对话框

- $h_a = (h_{ax} + x) * m$。
- $h = (h_{ax} + c_x - x) * m$。
- $d = m * z$。
- $d_a = d + 2 * h_a$。
- $d_b = d * \cos(Alpha)$。
- $d = d - 2 * h$。

（3）将参数与图形上的尺寸相关联。在图形上单击选择尺寸代号，将其添加到【关系】对话框中，再编辑关系式，添加完毕后的【关系】对话框如图 5-140 所示，之后在对话框中单击 ☑ 按钮，校验关系式中有无语法错误。这里为尺寸 $sd0$、$sd1$、$sd2$ 和 $sd3$ 新添加了关系，将这 4 个圆依次指定为基圆、齿根圆、分度圆和齿顶圆。

$$sd0 = Db$$
$$sd1 = Df$$
$$sd2 = D$$
$$sd3 = Da$$

（4）在【关系】对话框中单击 确定 按钮后，系统自动根据设定的参数和关系式再生模型并生成新的基本尺寸，生成图 5-141 所示的标准齿轮基本圆。在【草绘】面板中单击 ☑ 按钮退出草绘环境，最后创建的基准曲线如图 5-142 所示。

图 5-140　【关系】对话框

图 5-141　再生图形　　　　　　　　　图 5-142　基准曲线

5. 创建齿轮轮廓线

（1）单击【基准】工具组中的 基准▾ 按钮，选取【曲线】/【来自方程的曲线】，打开【曲线：从方程】面板。

（2）在模型树窗口中选择当前默认的坐标系，然后在面板左侧第一个下拉列表中选择【笛卡尔】选项，单击 方程... 按钮，弹出【方程】对话框，在该对话框中添加以下渐开线方程式，如图 5-143 所示，完成后单击 确定 按钮保存参数设置。

$r=Db/2$

$theta=t*45$

$x=r*\cos(theta)+r*\sin(theta)*theta*pi/180$

$y=r*\sin(theta)-r*\cos(theta)*theta*pi/180$

$z=0$

微课 23-3
创建参数化齿轮 3

 要点提示

若选择其他类型的坐标系生成渐开线，则此方程不再适用。

（3）在【曲线：从方程】面板中单击 ✔ 按钮，最后生成图 5-144 所示的齿廓渐开线。

图 5-143　【方程】对话框　　　　　　　　　　图 5-144　生成的齿廓渐开线

6. 创建拉伸曲面

（1）单击 按钮打开拉伸设计工具，按下 按钮创建曲面特征，选择基准平面 FRONT 作为草绘平面，接受默认参照进入草绘模式。

（2）使用 投影 工具选择上一步创建的渐开线，曲面深度可以先给任意值，最后得到的拉伸曲面如图 5-145 所示。

（3）在模型树窗口中的拉伸曲面上单击鼠标右键，在弹出的快捷菜单中单击 按钮，单击 d=关系 按钮打开【关系】对话框，为深度尺寸 $d4$ 添加关系 "$d4=b$"，使曲面深度和齿宽相等，如图 5-146 所示。

图 5-145　创建拉伸曲面　　　　　　　　　　图 5-146　添加关系

7. 延伸曲面

（1）选取图 5-147 所示的曲面边，在【编辑】工具组中单击 延伸 按钮打开延伸设计工具，展开【选项】下拉面板，选取延伸方式为【相切】，如图 5-148 所示。任意设置延伸距离，最后得到的延伸曲面如图 5-149 所示。

（2）仿照步骤 6（3）创建关系的方法，为曲面延伸距离创建关系 "$d7=d_f/2$"，使曲面延伸距离和齿根圆的半径相等，如图 5-150 所示。

图 5-147　选取边线

图 5-148　选取延伸方式

图 5-149　延伸曲面

图 5-150　为延伸曲面添加关系

（3）单击 按钮再生模型，结果如图 5-151 所示。

8．创建基准特征

（1）创建基准轴。在【基准】工具组中单击 轴按钮打开【基准轴】对话框，选取基准平面 TOP 和基准平面 RIGHT 作为参照，在过两平面的交线处创建基准轴 A_1，如图 5-152 所示。

图 5-151　再生模型

图 5-152　新建基准轴

（2）创建基准点。在【基准】工具组中单击 点按钮打开【基准点】对话框，选取曲线 $d2$（分度圆，从外至内的第 2 个圆）和渐开线作为参照，在两者的交点处创建基准点 PNT0，如图 5-153 所示。

（3）创建基准平面 1。单击 按钮打开【基准平面】对话框，选取基准轴 A_1 和基准点 PNT0 作为参照，创建图 5-154 所示的基准平面 DTM1。

图 5-153　新建基准点

图 5-154　新建基准平面 1

（4）创建基准平面 2。将基准平面 DTM1 绕轴 A_1 转过一定角度后创建图 5-155 所示的基准平面 DTM2。转过的角度任意设置。

图 5-155　新建基准平面 2

（5）仿照步骤 6（3）创建关系的方法，为创建基准平面 DTM2 的旋转角度输入创建关系"$d54=90/z$"，（这里尺寸代号为 $d54$）如图 5-156 所示。

图 5-156　编辑关系

（6）单击 按钮，再生后的模型如图 5-157 所示。

9. 镜像曲面

（1）选取步骤 6、7 创建的曲面作为复制对象，然后在【编辑】工具组中单击 镜像 按钮，打开镜像复制工具。

（2）选取 DTM2 作为镜像平面，结果如图 5-158 所示。

图 5-157 再生后的模型

图 5-158 镜像结果

要 点 提 示

被复制曲面由拉伸曲面和延伸曲面两个曲面组成，为了一次选中这两个曲面，应该在设计界面右下角的过滤器下拉列表中选取【面组】选项，把这两个曲面作为面组使用。后面的合并和阵列操作中也要进行类似操作。

10. 合并曲面

选取镜像复制前后的两个拉伸曲面为合并对象，在【编辑】工具组中单击 🔲合并 按钮打开曲面合并工具，确定保留面组侧后创建图 5-159 所示的合并结果。

图 5-159 合并曲面

11. 创建拉伸曲面

（1）单击 🔲 按钮打开拉伸设计工具，按下 🔲 按钮创建曲面特征。

（2）选取基准平面 FRONT 平面作为草绘平面，接受默认参照进入草绘模式。

（3）利用 🔲投影 工具使用【环】方式选取齿根线 d_f（最内侧的曲线）作为草绘截面，如图 5-160 所示，完成后退出。曲面高度可以先任意取值。最后得到的拉伸曲面如图 5-161 所示。

图 5-160　选取曲线

图 5-161　创建的拉伸曲面

（4）仿照步骤 6（3）创建关系的方法，为曲面高度创建关系"$d15=b$"，如图 5-162 所示，单击 按钮，再生后的模型如图 5-163 所示。

图 5-162　创建关系

12. 复制面组

（1）选中合并后的面组，在【操作】工具组中单击 复制按钮，再单击 粘贴按钮旁边的 按钮，选择【选择性粘贴】选项，打开【移动(复制)】面板。

（2）单击 按钮选取基准轴 A_1 作为方向参照，旋转角度输入任意值，在设计中展开【选项】下拉面板，取消对【隐藏原始几何】复选项的选择，最后创建的面组如图 5-164 所示。

图 5-163　再生结果

图 5-164　复制结果

（3）仿照步骤 6（3）创建关系的方法，为复制时的旋转角度创建关系"$d24=360/z$"，如图 5-165 所示。单击 按钮，再生后的模型如图 5-166 所示。

图 5-165　创建关系

图 5-166　再生模型

微课 23-4
创建参数化齿轮 4

13. 阵列面组

（1）在模型树窗口中选中步骤 12 创建的旋转复制面组，然后在【编辑】工具组中单击 按钮，打开阵列设计工具。

（2）选取阵列方式为【尺寸】，并选择角度尺寸"14.4°"作为驱动尺寸，如图 5-167 所示，角度尺寸增量和特征总数取任意值，最后创建的阵列特征如图 5-168 所示。

图 5-167　选取阵列参数

图 5-168　阵列结果

（3）仿照步骤 6（3）创建关系的方法，为阵列时的旋转角度创建关系"$d28=360/z$"。

（4）为阵列特征总数创建关系"$p29=z-1$"，如图 5-169 和图 5-170 所示。然后单击 按钮再生模型，结果如图 5-171 所示。

图 5-169　为参数添加关系

图 5-170　【关系】对话框

14. 合并面组

（1）选中图 5-172 所示的两面组（步骤 10 和步骤 11 创建的合并面组和拉伸曲面），在【编辑】工具组中单击 合并 按钮打开合并工具，确定保留面组侧如图 5-173 所示，合并结果如图 5-174 所示。

图 5-171　再生结果

图 5-172　选取面组

图 5-173　确定保留侧

图 5-174　合并结果

（2）在模型树窗口中展开阵列特征，选中第 1 个特征标识，按住 Ctrl 键再选中拉伸曲面为合并对象，然后打开合并工具，按照图 5-175 所示确定曲面保留侧，合并结果如图 5-176 所示。

图 5-175　确定保留侧　　　　　　　　　　　　图 5-176　合并结果

15. 阵列合并面组

（1）在模型树窗口的合并 3 特征上单击鼠标右键，然后选取【阵列】命令，如图 5-177 所示。

（2）单击鼠标中键，阵列结果如图 5-178 所示。

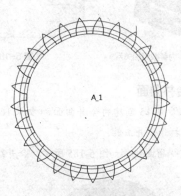

图 5-177　阵列操作　　　　　　　　　　　　图 5-178　阵列结果

16. 创建拉伸曲面

（1）单击 按钮打开拉伸设计工具，按下 按钮创建曲面特征。

（2）选取基准平面 FRONT 平面为草绘平面，接受默认参照进入二维模式。

（3）使用 投影 工具以【环】方式选取曲线 d_a（齿顶圆所在的曲线）作为截面，如图 5-179 所示，然后退出草绘模式。

（4）展开【选项】下拉面板，选中【封闭端】复选框。

（5）任意设置拉伸高度创建拉伸曲面，拉伸结果如图 5-180 所示。

图 5-179　绘制截面图

图 5-180　创建拉伸曲面

（6）仿照步骤 6（3）创建关系的方法，为曲面高度创建关系"$d70=b$"，如图 5-181 和图 5-182 所示。单击 按钮，再生后的模型如图 5-183 所示。

图 5-181　为参数添加关系

图 5-182　【关系】对话框

图 5-183　再生模型

17. 合并曲面

（1）选取步骤 15 创建的合并曲面和步骤 16 创建的拉伸曲面为合并对象，如图 5-184 所示，然后单击 合并 按钮打开合并工具。

（2）确定保留面组侧如图 5-185 所示，合并结果如图 5-186 所示。

图 5-184　选取合并对象

图 5-185　确定保留曲面侧

18. 实体化曲面

（1）选中步骤 17 的合并面组，在【编辑】工具组中单击 实体化 按钮，打开实体化工具。

（2）单击鼠标中键后创建的实体模型如图 5-187 所示。

图 5-186 合并结果   图 5-187 实体化后的模型

> **要点提示**
>
> 至此已经完成了参数化标准直齿圆柱齿轮的建立。读者可以看出，在创建这个齿轮的过程中，首先设置了齿轮的相关参数，然后在建模的过程中使用了大量的关系式，目的就是为了达到参数化的效果，这样可以带来更改的方便，也有利于在以后的工作中使用类似的齿轮。

19. 修改齿轮参数方法 1

（1）在【工具】功能区的【模型意图】工具组中单击 [ ] 参数 按钮，打开【参数】对话框，将齿轮模数修改为"1.5"，齿数修改为"40"，齿宽修改为"5"，如图 5-188 所示。

图 5-188 更改尺寸参数

（2）单击 按钮便可得到更新后的齿轮，如图 5-189 所示。

（3）在模型树窗口顶部单击 按钮，选择【层树】，打开图层管理窗口，在项目【03__PRT_ALL_CURVES】上单击鼠标右键，在弹出的快捷菜单中选取【隐藏】命令，隐藏基准曲线，结果如图 5-190

所示。

图 5-189　更新后的模型

图 5-190　隐藏基准后的模型

要点提示

用这种方法虽然可以控制零件参数进行新齿轮零件的设计，但是做得显然还不够，特别是如果定义的参数很多，有的参数其实并不需要进行额外更新，这时就需要在原有基础上更上一层楼，通过 PROGRAM 命令来实现更方便的处理，提高效率。

20. 修改齿轮参数方法 2

（1）在【工具】功能区的【模型意图】工具组下拉面板中选取【程序】选项，打开【菜单管理器】，选择【编辑设计】选项。在程序编辑中的 INPUT 和 END INPUT 两个关键词中间插入下面的内容，如图 5-191 所示。

```
INPUT
M   NUMBER
"输入 M 的新值："
Z   NUMBER
"输入 Z 的新值："
B   NUMBER
"输入 B 的新值："
END INPUT
```

图 5-191　编辑程序

要点提示

这里输入字母大小写的效果是相同的，其中 *M* 代表建立的参数，*NUMBER* 代表变量的类型为数值，双引号中的内容用来提示输入内容，在 Creo 中文版中支持此处的中文显示。在上面的编辑中，没有引入 *ALPHA* 这个压力角参数，由于标准齿轮的压力角都是 20，因此把此变量当成固定值处理。

（2）在记事本的【文件】菜单中依次选取【保存】和【退出】命令。

（3）编辑完成后可，选择 *M*、*Z*、*B* 这 3 个参数后选择【完成选取】，如图 5-192 所示。

（4）依次在文本框中输入新的数值 "2" "40" "5"，如图 5-193 所示。完成后零件自动更新，结果如图 5-194 所示。

图 5-192 菜单操作　　　　　　　　图 5-193 输入新值　　　　　　　　图 5-194 更新结果

要点提示

这里只介绍齿轮轮齿部分的参数化设计方法，请读者在其上添加其他结构设计，并完成参数化建模工作，然后修改设计参数，以获得不同的设计效果，如图 5-135 所示。

5.5 小结

本章主要介绍了特征的各种操作方法。即便是最优秀的产品设计师也不能保证自己可以"一帆风顺"地获得满意的设计结果，因此，一个训练有素的设计人员在熟练掌握各种造型方法的同时，还要熟练掌握各种特征操作工具的用法，以便能够随时解决设计中出现的问题，并尽可能地获得高的设计效率。

特征阵列是一项非常有效的设计工作，特别适合于创建规则排列的一组特征。在 7 种阵列方法中，尺寸阵列应用最具有一般性，它既可以用于创建线性阵列，也可以用于创建旋转阵列；既可以创建一维阵列，也可以创建多维阵列。在学习尺寸阵列时应该重点理解驱动尺寸的含义和用途。

应用最为广泛的特征复制方法是镜像复制和移动复制。镜像复制需要指定镜像参照，一般指定基准平面或实体上的平面作为参照。移动复制分为平移和旋转两种类型，设计时也需要指定必要的设计参照，可以使用顶点、基准轴线、坐标系和基准平面等作为参照。另外，注意特征复制时属性的设置，重点理解"从属"和"独立"属性的差别。

特征的编辑和编辑定义是两个有效的设计工具。在建模过程中，要善于使用这两个工具来修改和完善模型设计。每一项完美的设计都是在反复使用这两种工具不断改进设计方案的基础上最终获得的。使用插入工具可以在已经创建完成的两个特征之间插入特征。使用编辑参照的方法可以在删除主特征时重新为从属特征设定参照。使用调整特征顺序的方法可以交换不具有主从关系的一组特征的设计顺序，以此来改变设计结果。

参数化设计是 Creo 的核心思想之一。在参数化模型中，参数控制了模型"动"的一面，通过对参数的修改可以轻松地使设计"变脸"。而"关系"控制了模型"静"的一面，保证了模型"万变不离其宗"。参数为模型的修改提供了入口。在设计参数时，首先要注意为参数命名时的注意事项，此外还要注意为参数赋值的方法，自由参数可以由用户修改其值，而由关系控制的参数无法由用户更改其值。

5.6　习题

1. 使用尺寸阵列方法创建旋转阵列时，是否一定需要角度尺寸作为驱动尺寸？使用轴阵列方法创建旋转阵列时呢？
2. 编辑特征和编辑定义特征有什么区别？
3. 调整特征顺序时必须满足什么条件？
4. 特征隐藏操作和隐含操作在使用上有何区别？
5. 自己动手对一个模型进行编辑定义，完善其结构。
6. 简述参数化建模的基本原理。
7. 是否可以随意删除一个模型上的参数？
8. 自己动手创建一个参数化模型。

Chapter

6

第 6 章
曲面及其应用

曲面是构建复杂模型最重要的材料之一。回顾 CAD 技术的发展历程不难发现，曲面技术的发展为表达实体模型提供了更加有效的工具。

学习目标

- 掌握创建基本曲面特征的方法。

- 掌握创建边界混合曲面特征的方法。

- 掌握创建变截面扫描曲面特征的方法。

- 掌握创建自由曲面的方法。

- 掌握修剪、合并以及实体化等常用曲面操作。

6.1 创建基本曲面特征

在现代复杂产品设计中，曲面应用广泛，汽车、飞机等具有漂亮外观和优良物理性能的表面结构通常是使用参数曲面来构建的。本章将介绍曲面特征的各种创建方法和编辑方法。

6.1.1 知识准备

曲面特征没有质量和厚度等物理属性。从创建原理来讲，曲面特征和实体特征具有相似性。基本曲面特征是指使用拉伸、旋转、扫描和混合等常用三维建模方法创建的曲面特征。

1. 创建拉伸曲面特征

在【形状】工具组中单击 按钮，打开拉伸设计面板，按下 按钮，创建曲面特征，如图 6-1 所示。依次选取草绘平面，绘制截面图，指定曲面深度后，即可创建拉伸曲面特征。

图 6-1 拉伸工具面板

对曲面特征的截面要求不像对实体特征那样严格，用户既可以使用开放截面来创建曲面特征，也可以使用闭合截面，如图 6-2 所示。

使用开放截面创建拉伸曲面　　　　　使用闭合截面创建拉伸曲面

图 6-2 使用截面创建曲面示例

采用闭合截面创建曲面特征时，还可以指定是否创建两端封闭的曲面特征，方法是在设计面板中展开【选项】下拉面板，选取【封闭端】复选项，如图 6-3 所示。

图 6-3 创建封闭曲面

2. 创建旋转曲面特征

在【形状】工具组中单击 旋转 按钮，打开旋转设计工具，按下 按钮，创建曲面特征，正确放置草绘平面后，可以绘制开放截面或闭合截面来创建曲面特征。在绘制截面图时，注意绘制旋转中心轴线，如图6-4所示。

图6-4 创建旋转曲面特征

3. 创建扫描曲面特征

在【形状】工具组中单击 扫描 按钮，打开扫描设计工具，按下 按钮，创建曲面特征，设计过程主要包括设置扫描轨迹线以及草绘截面图两个基本步骤。展开【选项】下拉面板，在其上选取【封闭端】复选项即可创建闭合曲面，如图6-5所示。

图6-5 创建扫描曲面

4. 创建混合曲面特征

在【形状】工具组中单击 混合 按钮，打开混合设计工具，按下 按钮，创建曲面特征。混合曲面特征的创建原理是将多个不同形状和大小的截面按照一定顺序顺次相连，因此各截面之间必须满足顶点数相同的条件。混合曲面特征有【直】和【平滑】两种属性，主要用于设置各截面之间是否光滑过渡，如图6-6所示。

图6-6 创建混合曲面

6.1.2 范例解析——创建帽形曲面

本例将综合应用基本曲面创建方法创建图 6-7 所示的帽形曲面。

微课 24
创建帽形曲面

图 6-7 帽形曲面

1. 创建旋转曲面特征

（1）单击 按钮，新建一个名为"basic_surface"的文件。

（2）在【形状】工具组中单击 旋转 按钮，打开旋转设计面板，按下 按钮，创建曲面特征。

（3）选取基准平面 FRONT 作为草绘平面，随后进入二维草绘模式。

（4）在【草绘】工具组中利用 弧 工具绘制一段圆弧，如图 6-8 所示，并绘制旋转中心线，完成后退出草绘模式。

（5）按照图 6-9 所示设置旋转曲面的其他参数，最后的旋转结果如图 6-10 所示。

图 6-8 旋转截面

图 6-9 设置旋转参数

图 6-10 创建的旋转曲面

2. 创建拉伸曲面特征

（1）在【形状】工具组中单击 按钮，打开拉伸设计面板，按下 按钮，创建曲面特征。

（2）选取基准平面 TOP 作为草绘平面，随后进入二维草绘模式。

（3）在【草绘】工具组中单击 投影 按钮，使用边工具来选取步骤 1 创建的旋转曲面的边线，围成拉伸截面，如图 6-11 所示，按住 Ctrl 键分两次选中整个圆弧边界，投影结果如图 6-12 所示。

选取边线

图 6-11 选取边线

图 6-12 绘制截面图

（4）按照图 6-13 所示设置曲面的其他参数：拉伸深度为"60"。最后的拉伸结果如图 6-14 所示。

图 6-13 设置拉伸参数

图 6-14 创建的拉伸曲面

3. 创建扫描曲面特征

（1）在【形状】工具组中单击 扫描 按钮，打开扫描设计面板，按下 按钮，创建曲面特征。

（2）展开面板左下角的【参考】下拉面板，单击 细节... 按钮，弹出【链】对话框。

（3）选取步骤 2 创建的拉伸曲面的边线作为扫描轨迹线（按住 Ctrl 键分两次选中），如图 6-15 所示，然后单击 确定(O) 按钮完成轨迹线的定义。

（4）在【扫描】面板中单击 按钮进入二维草绘模式，使用 样条 工具绘制图 6-16 所示的扫描截面，完成后退出草绘模式。

（5）单击 按钮退出扫描模式，最终的设计结果如图 6-7 所示。

图 6-15 选取轨迹线

图 6-16 绘制截面图

6.2 创建边界混合曲面特征

边界混合曲面的创建原理具有典型代表性。首先构建曲线围成曲面边界，然后填充曲线边界构建曲面。

6.2.1 知识准备

设计时，可以在一个方向上指定边界曲线，也可以在两个方向上指定。此外，为了获得理想的曲面特征，还可以指定控制曲线来调节曲面的形状。

1. 设计工具

在【曲面】工具组中单击 ▨ （边界混合）按钮，打开图 6-17 所示的设计工具即可创建边界混合曲面。

图 6-17　边界混合曲面设计工具

2. 使用一个方向上的曲线创建边界混合曲面

在图 6-17 中单击激活【第一方向】列表框（第 1 个列表框）后，按住 Ctrl 键依次选取图 6-18 所示的曲线 1、曲线 2 和曲线 3 作为边界曲线，创建边界混合曲面。如果选中【闭合混合】复选项，则将第 1 条曲线和第 3 条曲线混合，生成封闭曲面。

图 6-18　使用一个方向上的曲线创建边界混合曲面示例 1

不同的曲线选取顺序会生成不同的曲面，如图 6-19 所示。选中曲线后，单击参数面板右侧的 ↑ 或 ↓ 按钮，可使曲线向上或向下移动，从而调节混合连线的选取顺序。

图 6-19　使用一个方向上的曲线创建边界混合曲面示例 2

3. 使用影响曲线来创建边界混合曲面特征

影响曲线用来调节曲面形状。当一条曲线被选作影响曲线后，曲面不一定完全经过该曲线，而是根据设定的平滑度值的大小逼近该曲线。展开【选项】下拉面板，在其中可设置以下参数。

- 选取影响曲线：激活【影响曲线】文本框，选取曲线作为影响曲线。
- 设置平滑度因子：该因子是一个在 0 ~ 1 之间的实数。数值越小，边界混合曲面越逼近选定的拟合曲线。
- 设置方向一和方向二的曲面片数：控制边界混合曲面沿两个方向的曲面片数。曲面片数量越多，曲面越逼近拟合曲线。若使用一种曲面片数构建曲面失败，则可以修改曲面片数量重新构建曲面。曲面片数量范围是 1~29。

选取曲线 1 和曲线 3 作为第一方向上的边界曲线后，激活【影响曲线】列表框，选取曲线 2 作为影响曲线，设置平滑度为 “0.3”，u 方向和 v 方向曲面片数为 “20”，最后创建的边界混合曲面特征如图 6-20 所示。

图 6-20　使用影响曲线

4. 创建双方向上的边界混合曲面

创建两个方向上的边界混合曲面时，除了要指定第 1 个方向的边界曲线外，还必须指定第 2 个方向上的边界曲线。如图 6-21 所示，按住 Ctrl 键选取曲线 1 和曲线 3 作为第 1 个方向上的边界曲线后，在设计面板上单击激活第 2 个文本框，再选取曲线 2 和曲线 4 作为第 2 方向的边界曲线后即可创建边界混合曲面特征。

图 6-21　创建双方向上的边界混合曲面

5. 设置边界条件

在创建边界混合曲面时，如果新建曲面与已知曲面在边线处相连，则可以通过设置边界条件的方法设置两曲面在连接处的过渡形式，以得到不同的连接效果。

展开设计面板左下角的【约束】下拉面板，可以在新建曲面的选定边线处设置边界条件，可以选用的边界条件有以下 4 种。

（1）自由

新建曲面和相邻曲面间没有任何约束，完全为自由状态，在曲面交接处有明显的边界。

（2）切线

新建曲面在边线处与选定的参照（基准平面或曲面）相切。此时在曲面交接处通常没有明显的边界，为光滑过渡状态。

（3）曲率

新建曲面在边线处与选定的曲面曲率协调，在交接处没有明显的边界，为光滑过渡状态。

（4）垂直

新建曲面在边线处与选定的参照（基准平面或曲面）垂直。

图 6-22 所示为各种不同边界条件的示例。

自由　　　　　　切线　　　　　　曲率　　　　　　垂直

图 6-22　设置边界条件

6.2.2　范例解析——创建伞状曲面

本例将使用边界混合曲面创建图 6-23 所示的伞状曲面。

1. 新建零件文件

单击 按钮，新建一个名为"umbrella"的文件。

2. 创建草绘曲线

（1）在【基准】工具组中单击 （草绘）按钮。

（2）选择基准平面 FRONT 作为草绘平面，单击 确定 按钮进入草绘。

（3）在【草绘】工具组中利用 弧 工具绘制弧，如图 6-24 所示，最后创建的曲线如图 6-25 所示。

图 6-23　创建的伞状曲面

图 6-24　草绘弧

图 6-25　创建的草绘曲线

3. 创建基准轴

（1）在【基准】工具组中单击 轴 按钮，启动基准轴工具。

（2）先选择基准平面 TOP，再按 Ctrl 键选取图 6-26 所示的曲线终点。

微课 25
创建伞状曲面

（3）单击 确定 按钮，创建基准轴，结果如图 6-27 所示。

图 6-26　选择弧终点　　　　　　　　图 6-27　创建基准轴 A_1

4. 复制曲线

（1）选中草绘曲线，单击【操作】工具组中的 复制 按钮复制特征。

（2）单击 粘贴 按钮右边的 按钮打开下拉菜单，选择【选择性粘贴】选项，按照图 6-28 所示设置参数，然后单击 确定(o) 按钮。

（3）选择基准轴 A_1 为方向参照，设置【旋转】角度为"60"，然后单击 按钮，结果如图 6-29 所示。

图 6-28　【选择性粘贴】对话框　　　　　图 6-29　复制曲线

5. 草绘曲线

（1）在【基准】工具组中单击 （草绘）按钮，启动草绘工具。

（2）选择基准平面 TOP 作为草绘平面，单击 确定 按钮进入草绘模式。

（3）单击【设置】工具组中的 参考 按钮，打开【参考】对话框，如图 6-30 所示，捕捉到两曲线的端点后单击鼠标左键，添加点（参考），然后单击 关闭(C) 按钮创建参考，如图 6-31 所示。

图 6-30　【参考】对话框　　　　　　　图 6-31　创建参考点

（4）绘制图 6-32 所示的草绘截面，结果如图 6-33 所示。

图 6-32　绘制弧

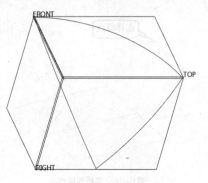

图 6-33　最后生成的特征

6. 创建边界混合特征

（1）单击 （边界混合）按钮，启动创建边界混合工具。

（2）选择第 1 方向的曲线，按住 Ctrl 键依次选择曲线 1 和曲线 2，如图 6-34 所示。

（3）选择第 2 方向的曲线。激活第 2 方向曲线收集器，选择基准曲线 3，如图 6-35 所示。

图 6-34　选择曲线 1、曲线 2

图 6-35　选择曲线 3

（4）单击 ✔ 按钮，创建边界混合特征，结果如图 6-36 所示。

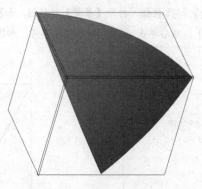

图 6-36　创建边界混合特征曲面

7. 创建阵列特征

（1）选中步骤 6 创建的曲面后，单击 ▦（阵列）按钮，启动阵列工具。

（2）在设计面板左侧的第 1 个下拉列表中选择【轴】选项，选择 A_1 轴作为旋转轴。

（3）其他参数设置如图 6-37 所示。

图 6-37 【阵列】参数面板

（4）单击 ✔ 按钮，创建阵列特征，结果如图 6-23 所示。

6.3 创建变截面扫描曲面特征

变截面扫描使用可以变化的截面创建扫描特征，可以创建出形状变化更为丰富的特征。

6.3.1 知识准备

基本扫描建模时，将扫描截面沿一定的轨迹线扫描后生成曲面特征，虽然轨迹线的形式多样，但由于扫描截面固定不变，所以最后创建的曲面相对比较单一。

1. 变截面的含义

变截面扫描的核心是截面"可变"，截面的变化主要包括以下几个方面。

● 方向：可以使用不同的参照确定截面扫描运动时的方向。

● 旋转：扫描时可以绕指定轴线适当旋转截面。

● 几何参数：扫描时可以改变截面的尺寸参数。

2. 基本概念

在变截面扫描中，通过对多个参数进行综合控制从而获得不同的设计效果。在创建变截面扫描时，可以使用恒定截面和变截面形式，其建模原理有一定的差别。

（1）恒定截面

在沿轨迹扫描的过程中，草绘截面的形状不发生改变，唯一发生变化的是截面所在框架的方向。

（2）变截面

通过在草绘截面图元与其扫描轨迹之间添加约束，或使用由参数控制的截面关系式使草绘截面在扫描运动过程中可变。

（3）关系式

一种抽象出来的截面尺寸变化规律，此处的关系式比较特殊，主要由参数"trajpar"控制，相关用法后续介绍。

（4）框架

框架实质上是一个坐标系，该坐标系能带动其上的扫描截面沿着扫描原始轨迹滑动。坐标系的轴由辅助轨迹和其他参照定义，如图 6-38 所示。

要点提示

变截面扫描的创建原理：将草绘截面放置在框架上，再将框架附加到扫描轨迹上并沿轨迹长度方向移动，来创建扫描特征。框架的作用不可小视，因为它决定着草绘沿原始轨迹移动时的方向。

3. 变截面扫描的一般步骤

变截面扫描主要设计步骤如下。

（1）创建并选取原始轨迹。

（2）打开【扫描】工具。

（3）根据需要添加其他轨迹。

（4）指定截面控制以及水平/垂直方向的控制参照。

（5）草绘截面。

（6）预览几何并完成特征。

4. 选取轨迹

在【形状】工具组中单击 扫描 按钮打开扫描设计工具，展开【参考】下拉面板，如图 6-39 所示。首先向面板顶部的轨迹列表中添加扫描轨迹。在添加轨迹时，按住 Ctrl 键可以添加任意多个轨迹。

图 6-38　扫描参照

图 6-39　【参考】面板

变截面扫描时可以使用以下几种轨迹类型。

- 【原始轨迹】：在打开设计工具之前选取的轨迹，即基础轨迹线，具备引导截面扫描移动与控制截面外形变化的作用，同时确定截面中心的位置。
- 【法向轨迹】：在扫描过程中，扫描截面始终保持与法向轨迹垂直。
- 【X 轨迹】：沿 x 坐标方向的轨迹线。

图 6-40 和图 6-41 所示为扫描轨迹选取示例。

图 6-40　扫描轨迹选取示例（1）

图 6-41　扫描轨迹选取示例（2）

要点提示

在图 6-39 中，选中轨迹列表中的【X】复选项，使该轨迹成为 X 轨迹，但是第 1 个选取的轨迹不能作为 X 轨迹；选中【N】复选项可使该轨迹成为法向轨迹；如果轨迹存在一个或多个相切曲面，则选中【T】复选项。通常情况下，将原始轨迹始终设置为法向轨迹。

5. 对截平面进行方向控制

在图 6-39 所示参数面板的【截平面控制】下拉列表中为扫描截面选择定向方法，对截面进行方向控制。其中 3 个选项的用法如下。

- 【垂直于轨迹】：移动框架总是垂直于指定的法向轨迹。
- 【垂直于投影】：移动框架的 y 轴平行于指定方向，z 轴沿指定方向与原始轨迹的投影相切。
- 【恒定法向】：移动框架的 z 轴平行于指定方向。

6. 对截面进行旋转控制

在图 6-39 所示参数面板的【水平/竖直控制】下拉列表中设置如何控制框架绕草绘平面法向的旋转运动，主要有以下两项。

- 【自动】：截面的旋转控制由 xy 方向自动定向。由于系统能计算 x 向量的方向，这种方法能够最大程度地降低扫描几何的扭曲。对于没有参照任何曲面的原始轨迹，该选项为默认值。
- 【X 轨迹】：截面的 x 轴过指定的 x 轨迹并沿扫描截面的交点。

7. 绘制截面图

设置完成参照后，在参数面板中单击 按钮绘制截面图。如果仅仅选择了原始轨迹线，绘制完草绘截面后如果马上退出草绘器，此时创建的曲面为普通扫描曲面，显然没有达到预期的变截面的效果，如图 6-42所示。

图6-42 创建扫描曲面

（1）添加关系式

用户可以通过使用关系式的方法来获得变截面。在【工具】功能区的【模型意图】工具组中单击 d=关系 按钮，打开【关系】对话框，在模型上拾取需要添加关系的尺寸代号，如 sd6，然后为此尺寸添加关系式：

sd6=40+10 * cos(10 * 360 * trajpar)

通过关系控制该尺寸在扫描过程中按照余弦关系变化，最后创建的变截面扫描曲面如图 6-43 所示。

图 6-43 使用关系控制截面变化

（2）参数 trajpar 的应用

"trajpar"是一个轨迹参数，该参数为一个从 0 到 1 的变量，在生成特征的过程中，此变量呈线性变化，表示扫描特征的长度百分比。在开始扫描时，"trajpar"的值是 0，而完成扫描时，该值为 1。

例如，若有关系式 sd1=40+20＊trajpar，尺寸 sd1 受到关系"40+20＊trajpar"控制。开始扫描时，trajpar 的值为 0，sd1 的值为 40；结束扫描时，trajpar 的值为 1，sd1 的值为 60。

6.3.2 范例解析——创建把手曲面

本例将综合使用变截面扫描和边界混合曲面等工具创建图 6-44 所示的把手曲面。

1. 创建基准曲线 1

（1）在【基准】工具组中单击 ∿ 按钮，打开草绘设计界面。

（2）选取基准平面 FRONT 作为草绘平面，单击 确定 按钮进入草绘模式。

图 6-44 把手曲面

（3）在草绘平面内绘制图 6-45 所示的曲线，结果如图 6-46 所示。

图 6-45 草绘曲线

图 6-46 生成的基准曲线 1

2. 创建基准曲线 2

（1）在【基准】工具组中单击 ∿ 按钮，打开草绘设计界面。

（2）选取基准平面 TOP 作为草绘平面，单击 确定 按钮进入草绘模式。

（3）在草绘平面内绘制图 6-47 所示的曲线，结果如图 6-48 所示。

微课 26
创建把手曲面 1

图 6-47 草绘曲线

图 6-48 生成的基准曲线 2

3. 创建变截面扫描曲面 1

（1）在【形状】工具组中单击 扫描 按钮，打开扫描设计界面。

（2）首先选取图 6-49 所示的曲线（波浪线上方的曲线）作为原始轨迹（其上有"原点"字样），然后按住 Ctrl 键选取其余 3 条曲线作为辅助轨迹，如图 6-50 所示。

图 6-49 选取原始轨迹

图 6-50 选取辅助轨迹

（3）单击 按钮进入二维模式绘制截面图，如图 6-51 所示，完成后退出草绘模式。

（4）单击 按钮，创建的变截面扫描曲面如图 6-52 所示。

图 6-51 绘制截面图

图 6-52 创建的扫描截面

要点提示

此处绘制的是一个椭圆剖面，绘图时需要使用 重合 约束工具将 4 条曲线的端点（图 6-51 中的点 1、2、3 和 4）对齐到椭圆上。

4. 创建基准曲线 3

（1）在【基准】工具组中单击 按钮，进入二维草绘设计界面。

（2）选取基准平面 FRONT 作为草绘平面，单击 **确定** 按钮进入草绘模式。

（3）在草绘平面内绘制图 6-53 所示的曲线，结果如图 6-54 所示。

微课 26-2
创建把手曲面 2

图 6-53　绘制曲线　　　　　　　　　　　　　图 6-54　创建的曲线 3

5. 创建基准曲线 4

（1）在【基准】工具组中单击 〰 按钮，进入二维草绘设计界面。

（2）选取基准平面 FRONT 作为草绘平面，单击 **确定** 按钮后进入草绘模式。

（3）在草绘平面内绘制图 6-55 所示的曲线，结果如图 6-56 所示。

图 6-55　绘制曲线　　　　　　　　　　　　　图 6-56　创建的曲线 4

◎ **要点提示**

此处曲线 3 和曲线 4 的形状读者可以自行设计，不必拘泥于图 6-53 和图 6-55 上的尺寸标注。

6. 创建变截面扫描曲面 2

（1）在【形状】工具组中单击 扫描 按钮，打开扫描设计工具。

（2）首先选取图 6-57 所示的曲线作为原始轨迹（有原点字样），然后按住 Ctrl 键选取另一条曲线作为辅助轨迹。

（3）单击 按钮进入二维模式，绘制图 6-58 所示的截面图，完成后退出草绘模式。注意椭圆剖面必须经过曲线的两个端点。

微课 26-3
创建把手曲面 3

图 6-57 选取轨迹线

图 6-58 绘制截面图

（4）单击 ✔ 按钮后创建的变截面扫描曲面如图 6-59 所示。

7. 创建基准曲线 5

（1）单击【基准】工具组，在弹出的下拉菜单中选择【曲线】/【通过点的曲线】选项。

（2）依次选取图 6-60 所示的点 1 和点 2。

图 6-59 创建的变截面曲面

图 6-60 选取参考点

（3）在【末端条件】下拉面板中依次将【起点】和【终点】选项分别定义为【相切】和【曲率连续】，如图 6-61 和图 6-62 所示。

图 6-61 【末端条件】下拉面板（1）

图 6-62 【末端条件】下拉面板（2）

（4）完成设置后单击 ✓ 按钮，最后创建的曲线如图 6-63 所示。

8. 创建基准曲线 6、7 和 8

（1）采用创建曲线 1 类似的方法创建曲线 6，该曲线经过图 6-64 所示的点 3 和点 4，在始末两端分别与曲面 1 和曲面 2 相切。

图 6-63　创建的曲线　　　　　　　　图 6-64　选取参考点

（2）使用类似的方法在另一侧创建曲线 7 和曲线 8，结果如图 6-65 所示。

图 6-65　最后创建的曲线　　　　　　图 6-66　选取曲线参照 1

9. 创建边界混合曲面

（1）单击 按钮，启动创建边界混合工具。

（2）按住 Ctrl 键选择图 6-66 所示的曲线 1 和曲线 2 作为第 1 方向边界曲线，如图 6-67 所示。

（3）激活第二方向曲线收集器，按住 Ctrl 键选择图 6-68 所示的两条曲线作为参照曲线，最后创建的边界混合曲面如图 6-69 所示。

图 6-67　选取曲线参照（1）　　　　　图 6-68　选取曲线参照（2）

（4）选中刚创建的曲面，使用镜像的方法创建下部的边界混合曲面，结果如图 6-70 所示。

（5）使用类似的方法在另一侧创建边界混合曲面，最终设计结果如图 6-44 所示。

图 6-69　最后创建的曲面

图 6-70　镜像复制曲面

6.4　创建自由曲面

自由曲面工具功能强大、用法灵活，适合于在形状复杂的模型表面上进行设计，可以方便快速地创建自由曲线和自由曲面。

6.4.1　知识准备

在三维建模环境的【曲面】工具组中单击 📄（样式）按钮进入自由曲面设计环境。

1. 设计工具

自由曲面可以在单视口模式中工作，窗口面积较大，如图 6-71 所示。

图 6-71　自由曲面设计环境

在【视图】工具栏中单击 ⊞ 按钮将打开多视口模式，可以通过俯视图、主视图、右视图以及轴测图等视角显示模型，如图 6-72 所示。

要点提示

四视图布局模式具有很多设计优越性，它支持直接的三维建模和编辑功能，在一个视图中的设计和编辑结果会即时显示在其他视图中，激活任意一个视图后即可在其中创建和编辑图形。

图 6-72　四视口模式

2. 基本操作

在创建自由曲面时，主要有以下基本操作。

（1）启用捕捉功能

在创建曲线或曲面时，常常需要选择曲线上的基准点、模型顶点以及实体边线等作为曲线或曲面经过的参照，使用捕捉功能可以简单方便地选中这些参照。

在选取对象时按住 Shift 键即可启用捕捉功能。当鼠标指针指向被捕捉对象时会显示出一个十字光标，这样可以捕捉到离其最近的有效几何图元，被捕捉到的对象将会加亮显示。

（2）设置活动平面

活动平面是造型设计中的一种重要设计参照，在图形中用网格显示，如图 6-73 所示。

活动平面

图 6-73　设置活动平面

① 所有不受限制的点都将放置在活动平面上。

② 活动平面的定义比较灵活，可以在设计过程中重新设置。

③ 在进行造型设计之前，必须确保已经明确了哪个平面是当前所使用的活动平面。

在【平面】工具组中单击 按钮，然后选取一个基准平面，将其设置为活动平面。在设计界面中长按鼠标右键，在弹出的快捷菜单中选取【活动平面方向】命令后，活动平面将平行于屏幕，可以直观地显示其上的图形元素，如图 6-74 所示。

◎ 要 点 提 示

在设计过程中，经常使用右键快捷菜单是一个良好的设计习惯。在不同的对象上长按鼠标右键，弹出的菜单内容也不同，如图 6-75 所示。

图 6-74　设置活动平面方向　　　　　　　　　　图 6-75　使用右键菜单

3. 创建自由曲线

在自由曲面设计中，曲面是由曲线来定义的，创建高质量的曲线是获得高质量曲面的基础。创建曲线的基本方法是依次定义两个以上曲线经过的参考点，然后将这些点光滑地连接起来。组成曲线的参考点主要有内部插值点和曲线的端点两种，如图 6-76 所示。

（1）点的基本要素

曲线上的每一个点都具有位置、切线和曲率 3 个要素，通过修改这些参数可以改变曲线的形状。

图 6-76　曲线上的点

● 位置：点在空间的具体位置，例如，位于曲面、曲线上或者具有确定的坐标。

● 切线：该点处切线沿着曲线的方向，调整点的切线可以间接调整曲线形状。

● 曲率：在该点处曲线的弯曲程度，圆上各点处的曲率为固定值（半径的倒数），直线的曲率为 0。

◎ 要 点 提 示

一般来说，设计时可以修改曲线端点处的切线，例如可以改变切线的方向和长度。但是曲线内部点的切线主要由软件系统创建和维护，不能随便变更。

（2）点的类型

曲线上的点具有以下两种类型。

- 自由点：不受约束的点，在图形中以紫色小圆点的形式显示，如图 6-77 所示。自由点在默认情况下被放置在活动平面上。
- 约束点：受到某种形式约束的点。根据具体的约束形式的不同，又可分为固定点和软点两种类型。固定点是完全被约束的点，不能移动，如图 6-78 中放置在两边界曲线交点处的点；软点受到部分约束，可以在其所在的曲线、曲面以及边线上移动，如图 6-79 中放置在边界曲线上的点。

图 6-77　自由点示例

图 6-78　固定点示例

图 6-79　软点应用示例

要点提示

用户可以通过捕捉的方法在已有的曲线、边或曲面等上面选取点创建软点，创建完成后这些软点可以在这些参照上滑动，但是不能脱离这些参照，也就是具有部分约束。如果将软点捕捉到基准点或顶点上，则该点成为固定点。

（3）自由曲线的种类

在造型设计中，可以使用以下 3 种方法来创建曲线。

- 自由曲线：位于三维自由空间中的曲线。
- 平面曲线：位于指定平面上的曲线。
- 曲面上的曲线（COS, Curve On Surface）：位于指定曲面上的曲线。

（4）创建自由曲线

自由曲线上的各点分布在三维空间中，其创建步骤如下。

① 在【平面】工具组中单击 🔲 按钮，再选取一个平面作为活动平面，输入的第 1 个点将位于该平面上。

② 在【曲线】工具组中单击 ~ 按钮，打开曲线设计面板，再单击 ∿ 按钮创建自由曲线。

③ 在活动平面上定义曲线上的点。

④ 按住鼠标中键旋转视图后，视图上将出现一条垂直于活动平面的深度线，在该线上单击一点来指定点到活动平面的距离，如图 6-80 所示。

⑤ 单击鼠标中键可以完成一条曲线的创建，然后创建下一条曲线，最后单击右工具箱中的 ✔ 按钮，完成造型特征的创建。

（5）创建平面曲线

平面曲线上所有的点都位于同一个平面之内，且不允许在编辑过程中将其移出到平面之外，创建平面曲线的基本步骤如下。

① 在【平面】工具组中单击 ▱ 按钮，再选取一个平面作为活动平面。

② 在【曲线】工具组中单击 ~ 按钮，打开曲线设计面板，再单击 ⌒ 按钮创建平面曲线。

③ 在活动平面上定义曲线上的点。

④ 单击鼠标中键可以完成一条曲线的创建，然后创建下一条曲线，最后单击右工具箱中的 ✔ 按钮，完成造型特征的创建。

（6）创建曲面上的曲线（COS）

COS 上所有的点都被约束在曲面上，因此曲线也位于曲面上。可以依次在曲面上选择曲线要通过的点来创建曲线，也可以将已有曲线投影到曲面上来创建。

可以使用以下 3 种方法创建 COS。

● 首先设置活动平面，在【曲线】工具组中单击 ~ 按钮，打开曲线设计面板，再单击 ▧ 按钮，在选定的曲面上选取点来创建 COS 即可。

● 在【曲线】工具组中单击 ▧ 下落曲线 按钮，选取需要投影到的曲面，再选取被投影曲线，最后选取基准平面作为投影方向参照（投影方向垂直于该平面），即可将选定的曲线沿着指定的方向投影到指定的曲面上，如图 6-81 所示。

● 在【曲线】工具组中单击 ▧ 通过相交产生 COS 按钮，然后选取两个相交曲面，即可在两者交线处创建COS。

图 6-80　显示深度线

图 6-81　使用投影法创建 COS

（7）调整点的位置

使用曲线编辑工具可以修改曲线上点的位置、约束条件以及曲线的切线和方向等，从而改变曲线的形状。创建曲线后，在【曲线】工具组中单击 ⌒曲线编辑 按钮，打开曲线编辑面板。

可以使用以下几种方法来调整点的位置，从而改变曲线的形状。

● 沿着曲线、边线或曲面拖动软点改变点的位置，从而调整曲线形状。

● 沿着任意方向拖动自由点，使自由点在平行于活动平面的平面内移动，如图 6-82 所示。

图 6-82　调整自由点

● 按住 Alt 键可以垂直于活动平面拖动点，如图 6-83 所示。

● 按住 Ctrl + Alt 组合键可以相对于视图垂直或水平移动自由点。

图 6-83　垂直于活动平面拖动点

（8）在曲线上增加或删除插值点

在编辑曲线的过程中经常需要在曲线上添加新的插值点或删除已有插值点，相关的操作步骤如下。

① 在【曲线】工具组中单击 ⌒曲线编辑 按钮，打开曲线编辑面板。

② 选中需要编辑的曲线。

③ 在曲线上拟增减插值点的地方单击鼠标右键，打开快捷菜单，选取【添加点】命令可以在单击的位置增加插值点，选取【添加中点】命令可以在单击位置左右两侧的两个插值点之间的曲线中点处增加插值点。

④ 如果在已有的插值点上单击鼠标右键，在打开的快捷菜单中选取【删除】命令可以删除选定的插值点，选取【分割】命令可以在该点处将曲线分开。

（9）按照比例更新曲线

如果在设计面板上选中【按比例更新】复选项，在移动曲线上的软点时，可以使曲线上的自由点跟随软点按照一定比例移动，从而使曲线保持相对固定的形状。取消选中【按照比例更新】复选项时，如果移动曲线上的软点，则其他位置上的自由点并不移动，曲线的形状变化较大。曲线上有两个以上软点才能使用按比例更新功能，如图 6-84 所示。

图 6-84　按照比例更新曲线

（10）编辑曲线切线

编辑曲线的切线可以改变曲线的形状，并实现与另一曲线的连接和过渡。单击曲线的端点，系统将显示带有插值点的曲线切向量。单击并拖动切向量可以改变其大小（长度）和角度。在切向量上长按鼠标右键，可打开图 6-85 所示的快捷菜单，其主要命令介绍如下。

- 【自然】：使用符合数学规律的自然切线。
- 【自由】：由用户指定切线。此时用户可以使用鼠标拖动切线，调整切线的长度和角度。
- 【固定角度】：保持切线的方向不变，拖动鼠标指针只能改变切线的长度。
- 【水平】：切线方向与活动平面的水平网格线平行，拖动鼠标指针只能改变切线的长度，如图 6-86 所示。

图 6-85　右键菜单　　　　　图 6-86　设置水平切线

- 【竖直】：切线方向与活动平面的竖直网格线平行，拖动鼠标指针只能改变切线的长度。
- 【法向】：切线垂直于特定的基准平面，此时需要指定基准平面。
- 【对齐】：将切线与另一曲线上的参照位置对齐。

4. 创建自由曲面

自由曲面沿袭了边界混合曲面的设计思路，使用两个方向上的边界曲线以及内部控制曲线来构造曲面，前者围成曲面的边界，后者决定曲面的内部形状。

（1）自由曲面对边界曲线的基本要求

自由曲面对边界曲线的要求不如边界混合曲面那样严格，选取曲线时不用考虑顺序性，只要边界曲线封闭，都可以构建自由曲面。边界曲线通常需要满足以下条件。

- 同一方向的边界曲线不能相交。
- 相邻不同向的边界曲线必须相交，不允许相切。

各种边界曲线的示例如图 6-87 所示。

图 6-87 边界曲线示例

（2）自由曲面对内部控制曲线的基本要求

内部控制曲线用于控制自由曲面的形状，常用于构建比较复杂的曲面，在选用内部控制曲线时要注意以下基本问题。

- 不能使用 COS 作为内部曲线。
- 内部曲线与边界曲线以及其他内部曲线相交后在交点处具有软点，但是内部曲线不能与相邻边界曲线相交。
- 穿过相同边界曲线的两条内部曲线不能在曲面内相交。
- 内部曲线必须与边界曲线相交，但与边界曲线的交点不能多于两点。

各种内部曲线的应用示例如图 6-88 所示。

图 6-88 内部曲线的应用示例

（3）创建自由曲面的方法

在创建一定数量的边界曲线和内部曲线后，就可以使用这些曲线来创建自由曲面，具体的操作步骤如下。

① 在右工具箱中单击 （样式）按钮，打开自由曲面设计工具。

② 选取第 1 条边界曲线，然后按住 Ctrl 键选取其他边界曲线。

③ 如果需要，可以继续选取一条或多条内部曲线。

④ 使用选取的曲线围成边界和骨架创建自由曲面。

6.4.2　范例解析——创建花洒模型

本例将通过一个花洒模型来介绍自由曲面的设计技巧，设计结果如图 6-89 所示。

图 6-89　花洒模型

1. 新建零件文件

新建名为"spray"的零件文件，进入三维建模环境。

2. 创建旋转曲面特征

（1）在【形状】工具组中单击 旋转 按钮，按下 按钮创建曲面特征。

（2）选取基准平面 FRONT 作为草绘平面，单击 草绘 按钮进入二维草绘模式。

（3）在草绘平面内绘制图 6-90 所示的截面图，完成后退出草绘模式。

（4）接受默认设计参数，最后创建的旋转曲面特征如图 6-91 所示。

微课 27-1
创建花洒模型 1

图 6-90　草绘截面

图 6-91　旋转曲面特征

3. 创建倒圆角特征

（1）在【工程】工具组中单击 倒圆角 按钮，选取图 6-92 所示的边线作为倒圆角放置参照。

（2）设置圆角半径为"3"，得到的倒圆角特征如图 6-93 所示。

图 6-92　选取圆角参照

图 6-93　创建的倒圆角特征

4. 创建曲面实体化特征

（1）选取曲面特征后，单击【编辑】工具组中的 加厚 按钮，打开加厚设计工具。

（2）设置加厚方向朝内，厚度为"2"，如图 6-94 所示，退出后得到图 6-95 所示的加厚特征。

图 6-94　确定加厚方向

图 6-95　加厚结果

5. 创建拉伸特征

（1）单击 按钮打开拉伸设计工具，按下 按钮创建减材料特征。

（2）选取图 6-96 所示的平面作为草绘平面，单击 草绘 按钮进入二维草绘模式。

（3）在草绘平面内绘制图 6-97 所示的截面图，完成后退出草绘模式。

图 6-96　选取草绘平面

图 6-97　绘制截面图

（4）设置拉伸终止条件为 （拉伸至下一曲面），退出后得到图 6-98 所示的拉伸结果。

6. 创建阵列特征

（1）在左边的模树型窗口中选取步骤 5 创建的拉伸特征，单击鼠标右键，在弹出的快捷菜单中选取【阵列】命令，进入阵列操作界面。

（2）选取阵列方式为【填充】，在设计工作区中长按鼠标右键，在弹出的快捷菜单中选取【定义内部草绘】命令。

（3）选取图 6-99 所示的模型底面作为草绘平面，单击 草绘 按钮进入草绘模式。

图 6-98　创建拉伸特征

图 6-99　选取草绘平面

（4）在草绘平面内绘制图 6-100 所示截面图，完成后退出草绘模式。

（5）按照图 6-101 所示设置其余阵列参数，单击鼠标中键后得到图 6-102 所示的阵列结果。

图 6-100　绘制截面图

图 6-101　设置特征参数

7. 创建基准平面特征

（1）启动基准平面工具，打开【基准平面】对话框。

（2）按照图 6-103 所示将基准平面平移指定距离，创建基准平面 DTM1，如图 6-104 所示。

微课 27-2
创建花洒模型 2

图 6-102　阵列结果

图 6-103　设置参数

图 6-104　创建基准平面

8. 创建拉伸曲面特征

（1）在【形状】工具组中单击 按钮，按下 按钮创建曲面特征。

（2）选取基准平面 DTM1 作为草绘平面，单击 草绘 按钮进入二维草绘模式。

（3）在草绘平面内绘制图 6-105 所示的截面图，完成后退出草绘模式。

（4）设置拉伸深度为"15"，退出后得到图 6-106 所示的拉伸曲面。

图 6-105　绘制截面图

图 6-106　创建的拉伸曲面

9. 创建自由曲线 1

（1）在【曲面】工具组中单击 样式 按钮，进入自由设计模式。

（2）在【平面】工具组中单击 按钮设置活动平面，选取基准平面 FRONT 作为参照，稍后绘制的曲线将位于该活动平面上。

（3）单击【曲线】工具组中的 按钮打开自由平面工具，再单击 按钮创建平面曲线。

（4）按住 Shift 键的同时把鼠标光标靠近旋转曲面的上表面，可以看到出现一个十字形状的图标，选取沐浴喷头头部的表面，如图 6-107 所示。

（5）在曲线中间加入控制点，按住 Shift 键，把鼠标光标靠近拉伸曲面特征的表面，捕捉到曲面的一个顶点作为参照，结果如图 6-108 所示。

图 6-107　选取参考点

图 6-108　创建的自由曲线 1

（6）在【曲线】工具组中单击 曲线编辑 按钮，在设计面板中展开【相切】选项，设置【约束】属性为【曲面相切】，结果如图 6-109 所示，使用同样的方法使自由曲线与另一个曲面相切，如图 6-110 所示。

图 6-109　设置端点属性（1）

图6-110 设置端点属性（2）

（7）在设计工作区中长按鼠标右键，在弹出的快捷菜单中选取【活动平面方向】命令，使活动平面与屏幕平行，拖动自由曲线的控制点，编辑自由曲线，如图6-111所示，结果如图6-112所示。

图6-111 编辑自由曲线　　　　　　　　　　　　　　　图6-112 编辑结果

10. 创建自由曲线2

（1）仿照步骤9的方法绘制第2条平面曲线，按住 Shift 键捕捉旋转特征的上表面作为参照，如图6-113所示。

（2）在曲线中间插入控制点，然后按住 Shift 键捕捉另一侧的曲面作为参照，创建图6-114所示的曲线。

图6-113 选取参照（1）　　　　　　　　　　　　图6-114 选取参照（2）

（3）在【曲线】工具组中单击 曲线编辑 按钮，对刚才生成的自由曲线进行编辑操作，将曲线的两端分别设置相切于曲面，结果如图6-115所示。

图6-115 设置端点属性

11. 创建自由曲线3

（1）在【曲线】工具组中单击 按钮创建自由曲线，单击 按钮设置曲线类型为COS。

（2）按住 Shift 键分别捕捉到前两条曲线的端点，创建图6-116所示的曲线。

（3）在【曲线】工具组中单击 ✎曲线编辑 按钮，对刚才绘制的曲线进行编辑，为曲线的两个端点添加【法向】约束，参照平面为 FRONT，如图 6-117 所示。

图 6-116　创建的自由曲线 3

图 6-117　设置约束方式

12. 创建自由曲线 4

（1）在【基准】工具组中启动【基准平面】工具，将基准平面 RIGHT 平移 20 创建基准平面 DTM2，如图 6-118 所示。

图 6-118　新建基准平面

（2）在【平面】工具组中单击 ▱ 按钮设置活动平面，选取基准平面 DTM2 作为活动平面，单击【曲线】工具组中的 ∿ 按钮打开自由平面工具，再单击 ⌒ 按钮创建平面曲线。

（3）按住 Shift 键分别捕捉到第 1 条、第 2 条曲线创建曲线，结果如图 6-119 所示。

（4）在【曲线】工具组中单击 ✎曲线编辑 按钮，对刚才生成的自由曲线进行编辑，设置曲线的两端垂直于基准平面 FRONT，结果如图 6-120 所示。

图 6-119　创建的自由曲线 4　　　　　　　　　　　图 6-120　设置曲线属性

13. 创建自由曲线5

（1）启动【基准平面】工具，按照图 6-121 所示设置参数，将基准平面 DTM2 平移 25 创建基准平面 DTM3。

（2）在【平面】工具组中单击 ▱ 按钮设置活动平面，选取基准平面 DTM3 作为参照，使用类似方法创建图 6-122 所示的第 5 条曲线。

图6-121 新建平面   图6-122 创建的自由曲线5

14. 创建自由曲面

（1）在【曲面】工具组中单击 ▨ 按钮创建自由曲面，在【造型:曲面】面板中激活 ▨ 图标后的选框，选取图 6-123 所示的曲线 1 和曲线 2 作为边界参照，再激活 ▨ 后面的选框，选择图 6-124 所示的曲线 1、2、3 作为内部曲线。

图6-123 选取参照   图6-124 创建曲线

（2）单击鼠标中键退出，得到图 6-125 所示的自由曲面，完成后退出自由曲面模式。

图6-125 创建的自由曲面

15. 创建合并特征

（1）按住 Ctrl 键选取自由曲面和拉伸曲面作为合并对象。

（2）在【编辑】工具组中单击 合并 按钮进行合并操作，结果如图 6-126 所示。

16. 创建镜像特征

（1）选取合并后的面组作为参照，在【编辑】工具组中单击 镜像 按钮。

（2）选取基准平面 FRONT 作为参照，镜像结果如图 6-127 所示。

图 6-126　合并曲面结果（1）　　　　　　　　图 6-127　镜像曲面

（3）按住 Ctrl 键选取步骤 15、16 创建的合并曲面和镜像曲面，在【编辑】工具组中单击 合并 按钮进行合并操作，结果如图 6-128 所示。

图 6-128　合并曲面结果（2）

17. 加厚曲面

（1）选取合并后的曲面作为加厚对象，单击【编辑】工具组中 加厚 按钮，打开加厚设计面板。

（2）设计加厚厚度为"2"，方向朝内，最终设计结果如图 6-89 所示。

6.5　编辑曲面特征

使用各种方法创建的曲面特征并不一定正好满足设计要求，这时可以采用多种操作方法来编辑曲面。

6.5.1　知识准备

就像裁剪布料制作服装一样，可以将多个不同曲面特征进行编辑后拼装为一个曲面，最后由该曲面创建实体特征。

1. 修剪曲面特征

修剪曲面可以裁去曲面上多余的部分，既可以使用已有基准平面、基准曲线或曲面来修剪，也可以使用拉伸、旋转等三维建模方法来修剪。首先选取需要修剪的曲面特征，在【编辑】工具组中单击 修剪 按钮即可启动曲面修剪工具。

（1）设置参照

在设计面板中展开【参考】下拉面板，在该面板中需要指定以下两个对象。

● 【修剪的面组】：在这里指定被修剪的曲面特征。

● 【修剪对象】：在这里指定作为修剪工具的对象，如基准平面、基准曲线以及曲面特征等面。需要注意的是，该修剪参照应完全贯穿要修剪的曲面。

（2）使用基准平面作为修剪工具

如图 6-129 所示，选取被修剪的曲面特征，选取基准平面 FRONT 作为修剪对象，随后系统使用一个黄色箭头指示修剪后保留的曲面侧，另一侧将会被裁去，单击设计面板上的 按钮可以调整箭头的指向，以改变保留的曲面侧。

图 6-129　使用基准平面作为修剪工具

（3）使用一个曲面修剪另一个曲面

可以使用一个曲面修剪另一个曲面，这时要求被修剪曲面能够被修剪曲面严格分割开，如图 6-130 所示。进行曲面修剪时，用户可以单击设计面板上的 按钮调整保留曲面侧，以获得不同的结果。

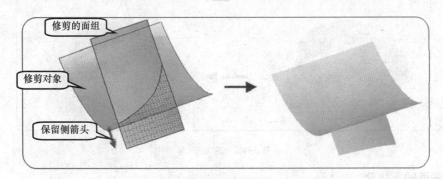

图 6-130　使用一个曲面修剪另一个曲面

（4）使用拉伸、旋转等方法修剪曲面特征

使用拉伸、旋转、扫描和混合等三维建模方法都可以修剪曲面特征，其基本原理是首先使用这些特征创建方法创建一个不可见的三维模型，然后使用该模型作为修剪工具来修剪指定曲面。

2. 合并曲面特征

使用曲面合并的方法可以把多个曲面合并生成单一曲面特征，这是曲面设计中的一个重要操作。当模型上具有多个独立曲面特征时，首先选取参与合并的两个曲面特征（在模型树窗口或者模型上选取一个曲面后，按住 Ctrl 键再选取另一个曲面），然后在【编辑】工具组中单击 合并 按钮，打开曲面合并设计面板。

在设计面板上有两个 按钮，分别用来确定合并曲面时每一曲面上保留的曲面侧。

在图 6-131 中，选取合并的两个相交曲面后，分别单击两个 按钮调整保留的曲面侧，系统用黄色箭头指示要保留的曲面侧，可以获得 4 种不同的设计结果。

图 6-131　合并曲面

3. 曲面倒圆角

与创建实体特征类似，用户也可以在曲面过渡处的边线上创建倒圆角，从而使曲面之间的连接更为顺畅，过渡更为平滑。曲面倒圆角的设计工具和用法与实体倒圆角类似，首先在【工程】工具组中单击 倒圆角 按钮，然后选取放置圆角的边线，接下来设置圆角半径参数，即可创建曲面倒圆角，如图 6-132 所示。

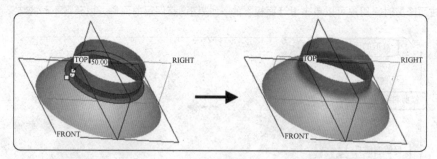

图 6-132　曲面倒圆角

4. 曲面的实体化

曲面特征的重要用途之一就是由曲面围成实体特征的表面，然后将曲面实体化，这也是现代设计中对复杂外观结构的产品进行造型设计的重要手段。在将曲面特征实体化时，既可以创建实体特征，也可以创建薄板特征。

（1）使用曲面特征构建实体特征

图 6-133 所示的曲面特征是由 6 个独立的曲面特征经过 5 次合并后围成的闭合曲面。选取该曲面后，在【编辑】工具组中单击 实体化 按钮，可打开图 6-134 所示的实体化设计面板。

图 6-133　合并后的曲面特征　　　　　　　　图 6-134　实体化工具

通常情况下，系统选取默认的实体填充按钮 ▢ ，用实体填充曲面内部。由于将该曲面实体化生成的结果唯一，因此可以直接单击设计面板上的 ✔ 按钮生成最终的结果。

 要点提示

> 这种将曲面实体化的方法只适合闭合曲面。另外，虽然曲面实体化后的结果和实体前的曲面在外形上没有多大的区别，但是曲面实体化后已经彻底变为实体特征，这个变化是质变，这样所有实体特征的基本操作都适用于该特征。

对于位于实体模型外部的曲面，如果曲面边界全部位于实体特征外表面或内部，可以在曲面内填充实体材料构建实体特征，如图 6-135 所示。

图 6-135　使用曲面特征构建实体特征 1

对于位于实体模型内部的曲面，如果曲面边界全部位于实体特征外表面或外部，可以切除曲面对应部分的实体材料，如图 6-136 所示。

图 6-136　使用曲面特征构建实体特征 2

（2）曲面的加厚操作

除了可使用曲面构建实体特征外，还可以使用曲面构建薄板特征。任意曲面特征都可以构建薄板特征，当然，对于特定曲面来说，不合理的薄板厚度也可能导致构建薄板特征失败。

选取曲面特征后，在【编辑】工具组中单击 加厚 按钮，打开加厚设计面板。使用设计面板上默认的 工具可以加厚任意曲面特征，此时在设计面板的文本框中输入加厚厚度，系统使用黄色箭头指示加厚方向，单击 按钮可以调整加厚方向，如图 6-137 所示。

图 6-137　加厚曲面示例（1）

在设计面板上单击 按钮，可以在实体内部进行薄板修剪。箭头指示薄板修剪的方向，单击 按钮可以改变该方向，设置修剪厚度后，即可获得修剪结果，如图 6-138 所示。

图 6-138　加厚曲面示例（2）

6.5.2　范例解析——瓶体设计

本例将通过瓶体的设计来学习复杂曲面与实体建模的综合方法，最后创建的模型如图 6-139 所示。

图 6-139　瓶体设计结果

1. 新建零件文件

新建名称为"bottle"的零件文件，使用默认设计模板进入三维建模环境。

微课 28-1
瓶体设计 1

2. 创建旋转曲面特征

（1）在【形状】工具组中单击 旋转 按钮启动旋转工具，按下 按钮。

（2）选择基准平面 FRONT 作为草绘平面，其他保持默认，单击鼠标中键。

（3）绘制图 6-140 所示的草绘截面，单击 ✓ 按钮退出草绘环境。

（4）单击鼠标中键，创建旋转特征，如图 6-141 所示。

图 6-140 绘制草绘曲线   图 6-141 创建的旋转曲面

3. 草绘基准曲线

（1）单击 按钮启动草绘曲线工具。

（2）选择图 6-141 所示的上表面为草绘平面，单击鼠标中键。

（3）绘制图 6-142 所示的草绘截面，随后退出草绘环境。单击鼠标中键，创建基准曲线 1，结果如图 6-143 所示。

图 6-142 草绘截面   图 6-143 创建基准曲线 1

（4）创建基准曲线 2。选择基准平面 FRONT 作为草绘平面，绘制图 6-144 所示的草绘截面，结果如图 6-145 所示。

图 6-144　绘制截面图（1）　　　　　　　　图 6-145　创建基准曲线 2

（5）创建基准曲线 3。选择基准平面 RIGHT 作为草绘平面，绘制图 6-146 所示的草绘截面，结果如图 6-147 所示。

图 6-146　绘制截面图（2）　　　　　　　　图 6-147　创建基准曲线 3

4. 绘制自由曲线组 1

（1）在【曲面】工具组中单击 样式 按钮，启动自由曲面工具。

（2）在【平面】工具组中单击 按钮，选取基准平面 FRONT 作为活动平面。在【曲线】工具组中单击 按钮，打开【曲线:造型】面板，单击 按钮激活绘制平面曲线，绘制图 6-148（a）、（b）所示的两曲线。

（a）　　　　　　　　　　　　　　　　（b）

图 6-148　绘制曲线草图（1）

要点提示

两基准曲线需与前面创建的草绘曲线相接，可在单击 🖉曲线编辑 按钮后，对曲线进行调整时按住 Shift 键进行捕捉。

（3）单击 ✔ 按钮，创建自由曲线，结果如图 6-149 所示。

微课 28-2
瓶体设计 2

图 6-149 创建自由曲线

（4）使用类似的方法分别在基准平面 RIGHT 内绘制图 6-150（a）所示的曲线，在基准平面 TOP 内绘制图 6-150（b）所示的曲线，结果如图 6-151 所示。

图 6-150 绘制曲线草图（2）

5. 绘制自由曲线组 2

（1）在【基准】工具组中单击 ▱ 按钮启动创建基准平面工具。选取基准平面 TOP 作为参照平面，设置偏移值为"120"，单击鼠标中键创建基准平面，结果如图 6-152 所示。

图 6-151　创建自由曲线（1）

图 6-152　创建基准平面

（2）按照步骤 4（1）～（3）绘制基准曲线的方法，在基准平面 FRONT 中绘制图 6-153 所示的曲线。

（3）在基准平面 DTM1 中绘制图 6-154 所示的曲线，结果如图 6-155 所示。

图 6-153　绘制曲线（1）

图 6-154　绘制曲线（2）

图 6-155　创建的自由曲线（2）

6. 创建自由曲面

（1）在【曲面】工具组中单击 按钮，启动创建曲面工具。

（2）单击图 6-156 所示的①处，再按序选择图 6-157 所示的 4 条曲线。

图 6-156　设计面板

图 6-157　选取曲线（1）

（3）单击图 6-156 所示的②处，再按住 Ctrl 键选取图 6-158 所示的两条曲线。

（4）单击鼠标中键，创建曲面特征，结果如图 6-159 所示。

图 6-158　选取曲线（2）

图 6-159　创建曲面

（5）按照创建基准曲线的方法，在基准平面 FRONT 中绘制图 6-160 所示的曲线。

7. 创建投影曲线

（1）单击 下落曲线 按钮，启动投影曲线工具。

（2）单击图 6-161 所示的①处，再选择图 6-162 所示的曲线。

（3）单击图 6-161 所示的②处，再选择图 6-163 所示的曲面。

（4）单击图 6-161 所示的③处，再选择基准平面 FRONT。

图 6-160　创建基准曲线

图 6-161　投影曲线工具

图 6-162　选取曲线

图 6-163　选取曲面

（5）单击鼠标中键，创建投影曲线，结果如图 6-164 所示。

8. 修剪曲面

（1）单击 曲面修剪 按钮，启动修剪曲面工具。

（2）单击图 6-165 所示的①处，再选择图 6-166 所示的曲面。

微课 28-3
瓶体设计 3

图 6-164　创建投影曲线　　　　　　　　　　　图 6-165　曲面修剪工具

（3）单击图 6-165 所示的②处，再选择图 6-167 所示的曲线。

图 6-166　选取曲面（1）　　　　　　图 6-167　选取曲线

（4）单击图 6-165 所示的③处，再选择图 6-168 所示的曲面。

（5）单击鼠标中键，创建修剪曲面，结果如图 6-169 所示。

图 6-168　选取曲面（2）　　　　　　图 6-169　修剪结果

9. 创建自由曲面

（1）在第 1 个列表框中按住 Ctrl 键顺次选择图 6-170 所示的 4 条曲线，在第 2 个列表框中选择图 6-171 所示的曲线，结果如图 6-172 所示。

图 6-170 选取曲线（1）

图 6-171 选取曲线（2）

（2）单击 ✔ 按钮完成曲面特征的创建，结果如图 6-173 所示。

图 6-172 创建曲面

图 6-173 创建的自由曲面

10. 创建镜像特征

（1）选取图 6-174 所示的曲面特征，在【编辑】工具组中单击 ⅠⅠ镜像 按钮启动镜像工具。

（2）选择基准平面 FRONT 为镜像平面。

（3）单击鼠标中键，创建镜像特征，结果如图 6-175 所示。

图 6-174 选取曲面

图 6-175 镜像结果

11. 创建草绘曲线

（1）在【基准】工具中单击 🖉 按钮启动草绘曲线工具。选择基准平面 FRONT 作为草绘平面，绘制图 6-176 所示的草绘截面，随后退出草绘环境，最后创建的曲线 1 如图 6-177 所示。

图 6-176 草绘截面（1）

图 6-177 创建的草绘曲线 1

（2）选择 FRONT 面为草绘平面，绘制图 6-178 所示的草绘截面，最后创建的曲线 2 如图 6-179 所示。

图 6-178 草绘截面（2）

图 6-179 创建的草绘曲线 2

12. 创建投影曲线

（1）选择步骤 11 创建的曲线 2。

（2）在【编辑】工具组中单击 🖉 投影 按钮。

（3）单击曲面收集器，选择图 6-180 所示的曲面，方向设置为"沿方向"，选取 FRONT 面为方向参照。

（4）单击鼠标中键，创建投影曲线，结果如图 6-181 所示。

图 6-180 选取曲面

图 6-181 创建的投影曲线

13. 创建镜像特征

（1）选取步骤12创建的投影曲线，在【编辑】工具组中单击 镜像 按钮启动镜像工具。

（2）选择基准平面FRONT作为镜像平面。

（3）单击鼠标中键，创建镜像特征，结果如图6-182所示。

14. 创建拉伸曲面特征

（1）在【形状】工具组中单击 按钮启动拉伸工具，并按下 按钮。

（2）选择基准平面FRONT作为草绘平面，单击鼠标中键。

（3）绘制图6-183所示的草绘截面，随后退出草绘环境。

图6-182　镜像结果　　　　　图6-183　绘制截面图

（4）在拉伸设计面板中设置参数，如图6-184所示。

图6-184　拉伸参数

（5）单击鼠标中键，创建拉伸特征，结果如图6-185所示。

15. 创建基准曲面

（1）在【基准】工具组中单击 按钮，启动基准平面工具。

（2）选择TOP面为平移基准面，设置偏移值为"115"。

（3）单击鼠标中键，创建基准面DTM2，结果如图6-186所示。

（4）按上述方法创建另一基准面DTM3。选择基准面DTM2为参照面，设置偏移值为"30"，结果如图6-186所示。

图6-185　拉伸结果　　　　　图6-186　创建的基准平面

16. 创建自由曲线

（1）在【曲面】工具组中单击 样式 按钮，启动自由曲面工具。

（2）在【平面】工具组中单击 按钮，再选择图 6-187 所示的曲面作为活动平面。

（3）单击 按钮绘制草图，单击 曲线编辑 按钮调整所绘制的曲线，结果如图 6-188 所示。

图 6-187　选取活动平面（1）　　　　　图 6-188　绘制并调整曲线

（4）单击鼠标中键，创建基准曲线，结果如图 6-189 所示。

（5）按上述方法选取图 6-190 所示的活动平面，绘制图 6-191 所示的曲线。

图 6-189　绘制的自由曲线（1）　　　　　图 6-190　选取活动平面（2）

图 6-191　绘制自由曲线（2）

（6）选取图 6-192 所示的活动平面，绘制图 6-193 所示的曲线。

图 6-192　选取活动平面（3）　　　　　　图 6-193　绘制的自由曲线（3）

（7）选取 DTM2 为活动平面，绘制图 6-194 所示的曲线。

（8）选取 DTM3 为活动平面，绘制图 6-195 所示的曲线。

图 6-194　绘制的自由曲线（4）　　　　　　图 6-195　绘制的自由曲线（5）

（9）单击 ✔ 按钮创建自由曲线，结果如图 6-196 所示。

17.　创建边界混合特征

（1）单击 按钮，启动边界混合工具。

（2）在第一方向列表框中按住 Ctrl 键选择图 6-197 所示的 3 条曲线。

（3）在第二方向列表框中按住 Ctrl 键选择步骤 16 创建的 5 条曲线。

图 6-196　最后创建的曲线　　　　　　图 6-197　选取曲线

要点提示

由于部分曲线在实体内部，故在选择时有一定的难度，可以将模型以线框的形式显示出来，这样再选择就简单很多，为便于观察可以将前面创建的拉伸特征隐藏。

（4）单击鼠标中键，创建边界混合特征，结果如图 6-198 所示。

18. 合并曲面特征

（1）按住 Ctrl 键选择步骤 17 创建的边界混合特征和图 6-199 所示的曲面。

微课 28-4
瓶体设计 4

选择混合特征

选择此曲面

图 6-198　创建混合曲面　　　　　　　图 6-199　选择曲面

（2）在【编辑】工具组中单击 合并 按钮。

（3）单击鼠标中键，创建合并特征，结果如图 6-200 所示。

（4）在瓶身的另一曲面创建合并特征，结果如图 6-201 所示。

图 6-200　合并曲面（1）　　　　　　　图 6-201　合并曲面（2）

19. 创建填充曲面特征并合并曲面

（1）在【曲面】工具组中单击 填充 按钮，选择基准平面 TOP 作为草绘面，以基准平面 RIGHT 为左参考。

（2）绘制图 6-202 所示的草绘截面，随后退出草绘环境。单击鼠标中键，创建填充特征，结果如图 6-203 所示。

图 6-202 绘制草绘曲线

 要点提示

此曲线实质就是瓶底轮廓线，可用 🗆 投影 工具进行绘制。

 要点提示

如果零件特征较多，可以隐藏一些暂不需要的特征，这样零件更简洁以便于后面的操作。

（3）对瓶身和瓶底进行合并，结果如图 6-204 所示。

图 6-203 创建填充曲面

图 6-204 合并曲面特征

20. 创建填充特征并合并曲面

（1）对瓶颈进行填充。选择步骤 2 创建的旋转特征的下表面为草绘平面，以 RIGHT 面为顶参考，草绘图 6-205 所示的截面，填充结果如图 6-206 所示。

图 6-205 草绘截面

图 6-206 填充曲面

（2）创建合并特征。将步骤 20（1）创建的填充特征与瓶身进行合并，结果如图 6-207 所示。

图 6-207 合并曲面

（3）按住 Ctrl 键选中步骤 2 创建的旋转特征和步骤 20（2）创建的合并特征，将其合并，结果如图 6-208 所示。

21. 创建实体化特征

（1）选中步骤 20（3）创建的合并特征。

（2）在【编辑】工具组中单击 实体化 按钮。

（3）单击鼠标中键，创建实体化特征，结果如图 6-209 所示。

图 6-208 合并曲面   图 6-209 实体化结果

22. 创建倒圆角特征

（1）在【工程】工具组中单击 倒圆角 按钮，启动倒圆角工具。

（2）选择图 6-210 所示的两边，设置倒圆角半径值为"1"，单击鼠标中键，创建倒圆角特征，结果如图 6-211 所示。

1.00

图 6-210 选取参照（1）   图 6-211 创建圆角（1）

（3）对图 6-212 所示的两边倒圆角，设置半径为"1"，结果如图 6-213 所示。

图 6-212　选取参照（2）

图 6-213　创建圆角（2）

（4）对图 6-214 所示的边倒圆角，设置半径值为"3"，结果如图 6-215 所示。

图 6-214　选取参照（3）

图 6-215　创建圆角（3）

（5）将不需要显示的线条隐藏，至此，本实例操作完成，最终结果如图 6-139 所示。

6.6　小结

曲面是三维实体建模的一种理想设计材料。在现代复杂产品的造型设计中，参数曲面是有效的设计工具。曲面特征虽然在物理属性上和实体模型有很大的差异，没有质量，没有厚度，但是其创建方法和原理与实体特征极其类似。在曲面特征和实体特征之间并没有不可逾越的鸿沟，使用系统提供的方法，曲面特征可以很方便地转换为实体特征。

从生成方法来看，创建实体特征的所有方法都适合于曲面特征，而且原理相似。在创建曲面特征时，对截面的要求更加宽松，用户可以使用任意开放截面来构建曲面特征。曲面特征的创建方法比实体特征更丰富。

使用曲面进行设计是一项精巧而细致的工作。再优秀的设计师也不大可能仅使用一种方法就构建出理想的复杂曲面，必须将已有曲面特征加以适当修剪、复制以及合并等操作后才能获得最后的结果。另外还要注意，在实体建模中介绍过的圆角、倒角等设计方法同时也适合于曲面特征。

一般来说，使用一定方法将曲面特征实体化是曲面设计的最终归宿，这项操作包括曲面实体化和曲面薄板化两项基本内容。曲面实体化时对曲面的要求非常严格，曲面必须自行封闭或者与实体特征无缝结合。曲面与实体特征无缝结合时，可以使用曲面来创建加材料或切减材料实体特征，也可以通过使用曲面来替换指定的实体表面来构建实体特征。曲面的薄板化对曲面要求很宽松，可以使用任意曲面创建指定厚度的薄板实体。

6.7 习题

1. 曲面特征的草绘截面和实体特征的草绘截面有何异同？
2. 可否在实体特征上直接构建曲面特征？
3. 在模型树窗口中删除合并曲面特征的标识后有什么结果？
4. 曲面合并时，为什么需要调整必要的方向参数？
5. 曲面实体化的基本要求是什么？

Chapter
7

第 7 章
组件装配设计

　　生产中典型的机械总是被拆分成多个零件,分别完成每个零件的建模之后,再将其按照一定的装配关系组装为整机。组件装配是设计大型模型的需要,将复杂模型分成多个零件进行设计,可以简化每个零件的设计过程。本章将介绍机械装配的基本概念、基本装配工具和装配操作过程。

学习目标

- 了解装配设计的原理和用途。

- 了解组件装配的基本方法。

- 明确装配环境下的基本操作。

- 明确在装配环境下创建零件的方法。

- 了解装配体的分解方法。

<table>
<tr><td>7.1</td><td>装配约束的应用</td></tr>
</table>

机械装配设计是指利用一定的约束关系，将各零件组合起来的过程。组合起来的整体就是装配体。在 Creo 3.0 的组件模式下，不但可以实现装配操作，还可以对装配体进行修改、分析和分解。

7.1.1 知识准备

组件装配时，需要依次指定约束类型和约束参照，将元件逐个装配到装配体中，通常情况下，每个零件需要完全确定其位置。对于大型机器，可以先将元件装配为结构相对完整的部件，然后再将部件装配为整机。

1. 基本术语

在装配中常用到以下概念和术语。

（1）组件

组件是由零部件按照一定的约束关系组合而成的零件装配集合。一个组件中往往包括若干个子组件，子组件通常称为部件。

（2）元件

元件是组成组件的基本单位，每个独立的零件在装配环境下通常作为一个元件来看待。

（3）约束和约束集

约束是指在两个元件之间或元件与组件之间添加的限制条件，用于限定两者之间的相对运动。由于两个物体在空间具有多个运动自由度，因此需要添加多种约束才能限制全部运动，这时就需要创建多个约束集。

（4）装配模型树

在装配环境下，模型树区的结构图包括组件、零件等装配体的组成部分以及它们之间的关系，如图 7-1 所示。

（5）装配分解图

装配分解图是装配体的分解视图，就是把元件分开来的视图。通过装配分解图可以更好地分析产品和指导生产。一般的产品说明书中，都会附带有产品的分解图，用以说明各部件的作用和使用方法。图 7-2 所示为一个装配体的分解图。

图 7-1 装配设计环境

图 7-2　模型的装配示意图

2. 装配

单击 按钮打开【新建】对话框，在【类型】分组框中选取【装配】单选项，在【子类型】分组框中选取【设计】选项，创建组件文件，如图 7-3 所示，单击 确定 按钮后，系统打开装配设计界面。

图 7-3　【新建】对话框

（1）导入元件

在【元件】工具组中单击 （组装）按钮，打开【打开】对话框，从该对话框中选取零件作为装配元件进行装配设计。单击下方的 预览 按钮可以打开预览窗口预览模型，以方便零件的选取，如图 7-4 所示。

图 7-4　【打开】对话框

（2）工具面板

在【元件】工具组中单击 （组装）按钮导入元件后，打开图 7-5 所示的【元件放置】设计面板，在这里可以创建约束连接或者机构连接。机构连接用来创建可以产生相对运动的连接（如转动和移动），主要用于机械运动仿真设计。本章仅介绍约束连接。

图 7-5　设计面板

（3）【放置】参数

展开设计面板左下角的【放置】下拉面板，在这里可以详细为新装配元件指定约束类型和约束参照以实现装配过程，如图 7-6 所示。

设计时，首先在【元件放置】设计面板的第 1 个下拉列表中为组件和新元件选取约束类型，然后为其指定约束参照，指定结果会显示在左侧的参数收集器中。完成一组约束设置后，在图标板上会提示当前的约束状态，如果模型尚未达到需要的约束状态，可以继续添加新的约束和参照。

图 7-6　【放置】参数

（4）【移动】参数

在装配过程中，为了在模型上选取确定的约束参照，有时需要对模型进行适当的移动或旋转操作，这时可以展开【元件放置】设计面板左下角的【移动】下拉面板，如图 7-7 所示，设置参数后，即可对选定的模型进行重新放置。

导入新元件后，在模型上会显示一个坐标架，如图 7-8 所示。将鼠标指针移动到相应的移动或旋转坐标轴上后，即可沿指定方向移动元件或绕指定轴线旋转元件。

3.　两种装配模式

元件的装配主要有两种：自底向上装配和自顶向下装配。

（1）自底向上装配

自底向上装配时，首先创建好组成装配体的各个元件，然后按照一定的装配顺序依次将其装配为组件。

这种装配模式比较简单、初级，其设计思路清晰，设计原理也容易被广大用户接受。但是其设计理念还不够先进，设计方法也不够灵活，还不能完全适应现代设计的要求，主要应用于一些已经比较成熟的产品的设计过程，可以获得比较高的设计效率。

图 7-7 【移动】参数

图 7-8 显示坐标架

自底向上装配的主要操作步骤如下。

① 在【元件】工具组中单击 🖫（组装）按钮，导入第 1 个元件。

② 为元件指定约束方式和约束参照，使其相对于参照坐标系或装配体具有正确的放置位置。

③ 继续导入元件，为其指定约束和参照，直到全部元件装配完毕。

（2）自顶向下装配

自顶向下的装配设计与自底向上的设计方法正好相反。设计时，首先从整体上勾画出产品的整体结构关系或创建装配体的二维零件布局关系图，然后根据这些关系或布局逐一设计出产品的零件模型。

现代设计中，通常先设计出整个产品的结构和功能，再逐步细化到单个零件的设计，这种设计方法具有参数化设计的优点，能够方便地修改设计结果，还能够很容易地把对某一元件的修改反映到整个产品设计中。

自顶向下装配时，还可以利用已有的装配环境作为参照，根据已有元件的尺寸和空间位置关系"量身定做"地设计新元件。这种设计方法通常称为在装配环境下创建元件，其主要操作步骤如下。

① 在【元件】工具组中单击 🖫（组装）按钮，进入元件创建模式。

② 依次确定元件的类型、子类型和创建方法等参数。

③ 使用已有元件作为参照（此时这些元件为半透明状态），使用各种建模工具创建元件。

4. 两种装配约束形式

约束是施加在各个零件间的一种空间位置的限制关系，从而保证参与装配的各个零件之间具有确定的位置关系。根据装配约束形式的不同，可以将装配约束划分为以下两类。

（1）无连接接口的装配约束

使用无连接接口的装配约束的装配体各零件不具有自由度，零件之间不能做任何相对运动，装配后的产品成为具有层次结构且可以拆卸的整体，但是产品不具有"活动"零件，这种装配连接称为约束连接。

（2）使用有连接接口的约束装配

大多数机器在装配完成后，零件之间还应该具有正确的相对运动，如轴的转动、滑块的移动等。为此，在装配模块中引入了有连接接口的装配约束，这种装配连接称为机构连接，是使用 Creo 进行机械仿真设计的基础。

5. 常用装配约束及其应用

为了在参与装配的两个元件之间创建准确的连接，需要依次指定一组约束来准确定位这两个元件，可用的约束类型共 11 种。

（1）距离

"距离"约束用于将元件参考定位在距装配参考的设定距离处，如图 7-9 所示。

图 7-9　"距离"约束

（2）角度偏移

"角度偏移"约束是将选定的元件以某一角度定位到选定的装配参考，如图 7-10 所示。

图 7-10　"角度偏移"约束

（3）平行

"平行"约束主要使元件参考与装配参考平行，如图 7-11 所示。

图 7-11　"平行"约束

（4）重合

"重合"约束用于将元件参考定位为与装配参考重合，如图 7-12 所示。

图 7-12　"重合"约束

（5）法向

"法向"约束用于将元件参考定位为与装配参考垂直 ，如图 7-13 所示。

图 7-13　"法向"约束

（6）共面

"共面"约束主要用于将元件边、轴、目的基准轴或曲面定位为与装配参考共面，如图 7-14 所示。

图 7-14　"共面"约束

（7）居中

"居中"约束可用来使元件中的坐标系或目标坐标系的中心与装配中的坐标系或目的坐标系的中心对齐，如图 7-15 所示。

图 7-15　"居中"约束

（8）相切

零件上的指定曲面以"相切"的方式进行装配，设计时只需要分别在两个零件上指定参照曲面即可，如图 7-16 所示。

图 7-16　"相切"约束

（9）自动

用户直接在元组件上选取装配的参考几何，由系统自动判断约束的类型和间距来进行元组件的装配。这是一种比较快速的装配方法，通常只用于简单装配情况下。

（10）固定

将新元件在当前位置固定，这时可以先打开【放置】参数面板，使用移动或者旋转工具移动或旋转元件，使之相对于组件具有相对正确的位置后再将其固定。

（11）默认

使用默认装配坐标系作为参照，将元件的坐标系和组件系统的重合放置，从而将新元件固定在默认位置。在装配第一个元件时，通常采用"默认"方式实现元件的快速装配。

6. 零件的约束状态

在两个装配零件之间加入一个或多个约束条件以后，零件之间的相对位置就基本确定了。根据约束的类型和数量的不同，两个装配零件之间相对位置关系的确定度也不完全相同，主要有以下几种情况。

（1）无约束

两个零件之间尚未加入约束条件，每个零件处于自由状态，这是零件装配前的状态。

（2）部分约束

在两个零件之间每加入一种约束条件，会限制一个方向上的相对运动，因此该方向上两零件的相对位置确定。但是要使两个零件的空间位置全部确定，根据装配工艺原理，必须限制零件在 x、y 和 z 这 3 个方向上的相对移动和转动。如果两零件还有某方向上的运动尚未被限定，这种零件约束状态称为部分约束状态。

（3）完全约束

当两个零件在 3 个方向上的相对移动和转动全部被限制后，其空间位置关系就完全确定了，这种零件约束状态称为完全约束状态。

 要点提示

零件无约束或者部分约束时，在模型树窗口中的对应零件标识前会有一个小方块符号，如图 7-17 所示，这时需要继续补充参照，使之完全约束，完全约束后小方块符号随之消失。

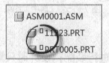

图 7-17　未完全约束的显示状态

7.1.2　范例解析——装配减速器箱体和箱盖

下面将通过一个简单实例介绍组件装配的方法和步骤。

1. 新建组件文件

单击 □ 按钮，新建一个名为"reduce"的装配文件。

2. 导入下箱体

（1）单击【元件】工具组中的 🔧（组装）按钮，导入素材文件"\第 7 章\素材\bottom.prt"，该零件为减

微课 29
装配减速器箱体和箱盖

速器下箱体。

（2）使用移动旋转坐标架（如图7-18所示）把下箱体置放在合适位置，然后单击【元件放置】面板上的 ✓ 按钮，如图7-19所示。

图7-18　移动旋转工具　　　　　　　　　　　　　　图7-19　导入下箱体

3. 导入上箱盖

（1）单击 按钮，导入素材文件"\第7章\素材\top.prt"，该零件为减速器上箱盖。

（2）为了便于选取参照，单击【元件放置】面板中的 （单独显示元件）按钮，将其在独立窗口中显示，如图7-20所示。

图7-20　单独显示模型

（3）展开【移动】下拉面板，调整元件的位置，使需要约束的两个面正面相对，以便于系统识别，如图7-21所示。

图7-21　移动元件

4. 添加装配约束

（1）在【元件放置】面板中设置装配约束类型为【自动】，选取图7-22所示的两个面，系统会自动添加重合约束，结果如图7-23所示。

图 7-22　选取参照（1）　　　　　　　　　　　图 7-23　装配结果（1）

（2）展开【放置】下拉面板，单击【新建约束】，在该面板右侧的【约束类型】下拉列表中选择【重合】约束，如图 7-24 所示，然后选取两个孔的内表面，如图 7-25 所示，装配结果如图 7-26 所示。

图 7-24　参数设置

图 7-25　选取参照（2）　　　　　　　　　　　图 7-26　装配结果（2）

（3）新建一个距离约束，选取两个轴并设置距离为 0，如图 7-27 所示，装配完成后的结果如图 7-28 所示。

图 7-27　选取参照（3）　　　　　　　　　　　图 7-28　最终装配结果

7.2　常用装配方法

为了实现特殊的装配功能和提高设计效率，软件还提供了阵列装配，主要用于装配相同元件。

7.2.1　知识准备

1. 阵列装配

使用阵列方式可以快速装配多个相同的元件。选取要阵列的元件后，在【修饰符】工具组中单击▦（阵列）按钮，打开阵列面板，面板中各选项的使用方法与基础建模中的阵列操作相同，在设计中，常用参照阵列来实现元件的快速装配。

2. 元件的替换

在设计过程中，有时需要替换组件中的某个元件，此时可以直接使用【替换】选项，而不必将先前的元件删除后再添加新的元件。

当某个组件元件被另一个元件替换后，系统会将新元件置于模型树中的相同位置。如果替换模型与原始模型具有相同的约束和参照，则会自动执行放置。如果参照丢失，系统会进入装配界面，要求用户重定义约束条件。

（1）设计工具

在模型树窗口中选择需要替换的元件，在其上单击鼠标右键，在弹出的快捷菜单中单击🔁（替换）按钮，此时模型树窗口中将出现替换界面，并打开图 7-29 所示的【替换】对话框。

图 7-29　【替换】对话框

在【替换】对话框的【选择当前元件】列表框中列出了当前被替换的元件，在【替换为】分组框中列出了 7 种替换方案。

- 【族表】：新元件按照族表关系放置在组件中，不需要重新定义装配约束条件。
- 【互换】：替换时，新元件与旧元件互换，不需要重新定义装配约束条件。
- 【模块或模块变型】：使用特定模块或其变型形式替换选定对象。
- 【参考模型】：用包含元件模型外部参照的模型来替换旧元件。

- 【记事本】：通过与相关联的模型来替换元件。
- 【通过复制】：用新创建模型的副本来替换元件。
- 【不相关的元件】：通过重新指定新元件的放置参照来替换该元件。这种方法需要重新定义新元件的装配约束条件。

（2）元件替换失败的处理

在元件替换时常常会出现替换失败的情况，主要有以下原因。

① 选择了错误的替换类型。元件的替换有 7 种选择方案，如果选择了错误的替换方案，将可能导致替换失败。例如，当选择了【参考模型】选项时，如果新元件和被替换的元件之间没有关联，则此时应该选择其他替换方法。

② 零件替换后放置位置错误。元件替换后，如果放置方式不对则需要对其进行修改，这时才可以重新定义装配条件。替换完成后单击【元件放置】面板中的 ✔ 按钮结束装配。

7.2.2 范例解析——常用装配方法的应用

下面将结合实例介绍阵列装配和元件替换的用法。

微课 30-1
常用装配方法及应用 1

1. 阵列装配

（1）单击 🗋 按钮，新建一个装配文件。

（2）使用默认方式装配下箱体。单击【元件】工具组中的 🖳（组装）按钮，导入素材文件"\第 7 章\素材\assay1.prt"。在参数面板上为该零件设置约束方式为【自动】，然后单击 ✔ 按钮完成零件的装配，如图 7-30 所示。

（3）装配第 1 个元件。单击【元件】工具组中的 🖳（组装）按钮，导入素材文件"\第 7 章\素材\assay2.prt"。在参数面板上设置约束为【重合】，选取两个轴为其添加一个重合约束，约束参照如图 7-31 所示。

图 7-30 自动装配元件

图 7-31 选取参照（1）

（4）新建一个约束，设置约束类型为【重合】，然后选取图 7-32 所示的平面作为参照，装配结果如图 7-33 所示。

图 7-32 选取参照（2）

图 7-33 装配结果

（5）阵列装配元件。如图 7-34 所示，选中刚装配完成的元件"assay2"，然后在【修饰符】工具组中单击 ▦（阵列）按钮打开阵列工具。单击 ✔ 按钮完成阵列操作，结果如图 7-35 所示。设置参数如图 7-36 所示，阵列装配时通常不需要设置太多参数。

图 7-34 选取对象　　　　　　　　　图 7-35 阵列结果

轴 ▾		1	1个项		10	36.0 ▾		360.0 ▾		2	1	57.78 ▾

图 7-36 参数设置

🎯 **要点提示**

在阵列装配时，最好在两个件之一上已经通过阵列方法创建了特征，例如，本例的孔组就是采用轴阵列创建完成的，这样可以直接使用参照阵列来装配其余元件，设计效率更高。

2. 元件的替换

（1）使用浏览方式打开素材文件"\第 7 章\素材\tool\tool.asm"。

（2）在模型树窗口中选择元件"TOOL-4.prt"，在其上单击鼠标右键，在弹出的快捷菜单中单击 ⟳（替换）按钮，打开【替换】对话框。元件"TOOL-4.prt"为当前被替换元件。选择替换方式为【不相关的元件】，在替换时需要重新设定元件的装配条件，如图 7-37 所示。

微课 30-2
常用装配方法及应用 2

（3）在【替换】对话框中单击 📂 按钮，导入素材文件"REPLACE.prt"，然后单击 应用(A) 按钮，在模型树窗口中可以看到元件"replace.prt"位于右侧的独立窗口中，单击 确定(0) 按钮完成零件的替换，替换后的模型树窗口如图 7-38 所示。

图 7-37 元件替换操作

图 7-38 替换后的模型树窗口

（4）调整元件。替换后的元件"REPLACE.prt"放置的位置不正确，如图 7-39 所示，需要对元件的放置位置进行修改。

（5）删除约束。展开【放置】下拉面板，选中约束，单击鼠标右键，删除所有约束，如图 7-40 所示。

图 7-39　替换后的元件　　　　　　　　　　　　　　　图 7-40　删除约束

（6）新建约束。展开【放置】下拉面板，新建重合约束，将两个面重合，如图 7-41 所示；新建重合约束，将两个轴重合，如图 7-42 所示，最终结果如图 7-43 所示。

图 7-41　选取参照（1）　　　　　图 7-42　选取参照（2）　　　　　图 7-43　装配结果

7.3　装配环境下的基本操作

7.3.1　知识准备

装配体是由多个元件组装而成的整体，在设计中需要对其进行编辑、删除、修改以及替换等操作，有时根据设计需要还要在装配环境下新建零件。

1. 创建 X—截面视图

Creo 3.0 为装配图提供了剖分装配体后得到的 X—截面视图。

2. 零件的简化表示

对于结构复杂的装配体，可以采用简化表示形式将其中的次要零件省去，以简化装配结构。

3. 在装配环境下新建零件

在装配模式下可以依据已有元件的尺寸以及空间相对位置来创建新零件，其设计效率更高，还可以尽可能减少模型的修改次数。

4．装配体的分解

对装配体分解后可以创建分解图，以便查看模型的结构和装配关系。组件装配完成后，在【模型显示】功能区中单击 分解图 按钮可以启动组件分解工具。

（1）创建默认分解图

在【模型显示】功能区中单击 分解图 按钮可以启动组件分解工具，不过该结果往往并不能让设计者满意，需要进一步编辑。

（2）编辑分解图

单击 编辑位置 按钮可以对元件进行进一步编辑。

（3）编辑位置

选该功能可以重新编辑定义各个元件的空间位置。

（4）偏距线

偏距线用来表示各个元件的对齐位置，一般由 3 条线组成，两端分别为两个元件的特征曲线。中线为在装配视图中添加的中间线，通过对偏距线的编辑可以重新定位元件。

（5）取消分解视图

取消对模型的分解，恢复到分解前的模型状态。

7.3.2　范例解析——装配环境下的基本操作

下面将结合实例介绍装配环境下的基本操作。

微课 31-1
装配环境下的基本
操作—截面视图

1．创建 X—截面视图

（1）选取菜单命令【文件】/【打开】，打开素材文件"\第 7 章\素材\asm1-01.asm"，如图 7-44 所示。

（2）在快速访问工具栏中单击 按钮，打开【新建】对话框。

（3）在【视图】功能区的【模型显示】工具组中单击 截面 下拉按钮，选择【X 方向】或在【模型显示】工具组中单击 按钮打开【视图管理器】窗口，单击 新建 按钮新建一个 X 方向的截面，如图 7-45 所示。

图 7-44　打开的模型

图 7-45　【视图管理器】对话框

（4）在【截面】参数面板中重新设置【参考】，选取图 7-46 所示的平面作为剖截面，最后创建的 X 截面如图 7-47 所示。

图 7-46　选取剖截面

图 7-47　创建的 X 截面

2. 创建零件的简化表示

（1）打开素材文件"\第 7 章\素材\asm1-01.asm"。

（2）在【模型显示】工具组中单击 按钮，打开【视图管理器】对话框，选中【简化表示】选项卡，如图 7-48 所示。

（3）单击 新建 按钮，接受默认的剖面名称"Rep0001"后单击鼠标中键。

（4）打开图 7-49 所示的【编辑】对话框，选取视图不需要显示的零件。本例选择零件"PRT-1-3"，然后单击 确定 按钮，则此时视图上就不再显示零件"PRT-1-3"了，如图 7-50 所示。

图 7-48　【视图管理器】对话框

图 7-49　【编辑】对话框

图 7-50　简化表示结果

3. 在装配环境下新建零件

（1）单击 □ 按钮，新建一个装配文件。

（2）利用【复制现有】的方法新建第 1 个元件。在【元件】工具组中单击 创建 按钮，打开【创建元件】对话框，具体设置如图 7-51 所示，然后单击 确定(O) 按钮，打开【创建选项】对话框，接受默认选项【从现有项复制】，如图 7-52 所示。

（3）单击 浏览... 按钮，导入素材文件"\第 7 章\素材\ mold.prt"，单击 确定(O) 按钮。在【元件放置】面板上指定约束类型为【默认】，如图 7-53 所示，然后单击 ✓ 按钮。此时新元件就通过复制现有方式创建成功，如图 7-54 所示。

微课 31-2
装配环境下的基本
操作—在装配
环境下新建零件

图 7-51 【创建元件】对话框（1）

图 7-52 【创建选项】对话框（1）

图 7-53 参数设置

图 7-54 设计结果

（4）利用【定位默认基准】方法新建元件。在【元件】工具组中单击 创建 按钮，打开【创建元件】对话框，具体设置如图 7-55 所示，然后单击 确定(O) 按钮，打开【创建选项】对话框，按照图 7-56 所示设置参数。

图 7-55 【创建元件】对话框（2）

图 7-56 【创建选项】对话框（2）

（5）系统提示"选择将同时用作草绘平面的第一平面"，选择 ASM-TOP 平面；系统提示"选择水平平面(当草绘时将作为'顶部'参考)"，选择 ASM-FRONT 平面；系统提示"选择用于放置的竖直平面"，选择 ASM-RIGHT 平面。

 要点提示

图 7-57 所示为操作完成后的模型树，可以看到元件"TOOL_2.prt"已经创建成功，并且处于激活状态。此时，主界面上的"TOOL_1.prt"元件处于半透明状态，它可以作为新元件"tool_2.prt"的设计基准。

（6）在【基准】工具组中单击 $\curvearrowright$ 按钮，打开草绘工具。选择"ASM-TOP"平面为草绘平面，接受默认参照进入草绘模式。选择孔曲面作为标注参照，如图 7-58 所示。在【草绘】工具组中单击 □ 投影 按钮，选取孔边线为草绘截面，如图 7-59 所示，完成后退出。

ASM0001.ASM
TOOL_1.PRT
TOOL_2.PRT

图 7-57 模型树窗口（1）

图 7-58 选取标注参照

（7）在【形状】工具组中单击 $\square$（拉伸）按钮，启动拉伸设计工具，设置拉伸方式为双侧拉伸 $\boxplus$，拉伸深度为"0.03"，最后创建的拉伸模型如图 7-60 所示。至此，新元件"tool_2.prt"创建完成，并与元件"tool_1.prt"装配完成。

图 7-59 绘制截面图（1）

图 7-60 创建的拉伸模型

（8）利用【空】方法新建元件。在模型树窗口中的"ASM0001.ASM"上单击鼠标右键，在弹出的快捷菜单中选择【激活】命令，将顶级装配体设置为当前状态，以便创建新元件。

（9）在【元件】工具组中单击 创建 按钮，打开【创建元件】对话框，具体设置如图 7-61 所示，然后单击 确定(0) 按钮，打开【创建选项】对话框，按照图 7-62 所示设置参数。

图 7-61 【创建元件】对话框（3）

图 7-62 【创建选项】对话框（3）

 要点提示

此时可以看到图 7-63 所示的模型树中多了一个"TOOL_3.prt"标识，只是主设计界面没有对应的元件，也就是说这里创建了一个空元件。用户可以选择用"激活"或者"打开"的方法来完善该元件的设计。

图 7-63 模型树窗口（2）

（10）利用【创建特征】方法新建元件。在【元件】工具组中单击 创建 按钮，打开【创建元件】对话框，具体设置如图 7-64 所示，然后单击 确定(0) 按钮，打开【创建选项】对话框，按照图 7-65 所示设置参数。

图 7-64 【创建元件】对话框（4）

图 7-65 【创建选项】对话框（4）

（11）在设计界面中，其他的元件均为半透明状态。新建元件"TOOL_4.prt"为激活状态，如图 7-66 所示。

图 7-66 模型树窗口（3）

（12）在【基准】工具组中单击 ∿ 按钮，打开草绘工具，选择"ASM-TOP"平面为草绘平面，接受默认参照进入草绘模式。按照图 7-67 所示选取标注参照。

（13）在草绘平面中配合 □ 矩形 和 □ 投影 工具绘制图 7-68 所示的截面图，完成后退出草绘模式。

图 7-67　选取参照　　　　　　　　　　　　　　　　　　图 7-68　绘制截面图（2）

（14）在【形状】工具组中单击 ⬚ （拉伸）按钮，启动拉伸设计工具，设置拉伸深度为"0.03"，完成新元件"TOOL_4.prt"的创建和装配，如图 7-69 所示。激活顶级装配体，结果如图 7-70 所示。

图 7-69　创建模型　　　　　　　图 7-70　显示全部模型　　　　　微课 31-3
装配环境下基本
操作—创建分解图

4. 创建分解图

（1）使用浏览方式打开素材文件"\第 7 章\素材\tool\ tool.asm"。

（2）创建分解图。在【模型显示】功能区中单击 🖽 分解图 按钮，将组件分解，对比分解前后的效果，如图 7-71 所示。

图 7-71　创建分解图

（3）编辑分解位置。展开【选项】下拉面板，单击 [复制位置] 按钮，打开【复制位置】对话框，如图 7-72 所示，然后依次选取元件 TOOL_2 和 TOOL_4。按照元件 TOOL_2 的位置放置元件 TOOL_4，如图 7-73 所示。

图 7-72　【复制位置】对话框

图 7-73　选取参照（1）

（4）展开【参考】下拉面板，如图 7-74 所示，选取轴"A_2"作为移动参照，如图 7-75 所示。选取元件 TOOL_1 为移动对象，将该元件向下平移，再次选取元件 TOOL_2，将其向上平移，分解结果如图 7-76 所示。

图 7-74　参考面板

图 7-75　选取参照（2）

（5）创建分解线。单击【分解工具】参数面板上的 （创建偏移线）按钮，选取轴线"A_2"为参考 1，如图 7-77 所示。选取元件"TOOL_2"的外圆面为参考 2，选中【垂直于曲面】选项，如图 7-78 所示，创建第 1 条分解线，如图 7-79 所示。再次选取轴线"A_2"后，再选取元件 TOOL_4 的一个侧面，如图 7-80 所示，创建第 2 条分解线，结果如图 7-81 所示。

图 7-76　创建分解结果

图 7-77　选取参照 1

图 7-78　【修饰偏移线】对话框

图 7-79　选取参照 2

图 7-80　选取参照 3

图 7-81　创建分解线

（6）修改分解线。选取第 2 条偏距线为修改对象。在【分解工具】面板中展开【分解线】下拉面板，单击 编辑线型 按钮，打开【线型】对话框，按照图 7-82 所示修改线型和颜色，结果如图 7-83 所示。

图 7-82　修改颜色

图 7-83　修改结果

（7）删除分解线。选取第 2 条分解线为修改对象。在【分解线】面板中单击 /x （删除分解线）按钮，第 2 条分解线被删除，结果如图 7-84 所示。

（8）取消分解视图。在【模型显示】功能区中再次单击 分解图 按钮，撤销分解视图，回到分解前的状态，如图 7-85 所示。

图 7-84　删除分解线

图 7-85　取消分解视图

7.4 基本元件操作

在装配环境下，元件的激活和打开是进行零件操作的基础，只有在激活或打开元件后，才可以编辑元件。在装配环境下，元件和顶级装配体的当前状态可以进行切换。

7.4.1 知识准备

元件的编辑操作包括激活、打开和包装等，下面分别进行讲解。

1. 激活元件

在图 7-86 中，顶级装配体处于激活状态，此时各元件上没有激活标志。当顶级装配体处于激活状态时，可以装配新元件以及在装配环境下新建元件。

图 7-86　装配模型树

在模型树窗口中选择顶级装配体，在其上单击鼠标右键，从弹出的快捷菜单中选取【激活】命令，将其激活。此时被激活的元件前有一个激活标志，同时模型上的其他实体元件处于透明状态，如图 7-87 所示。

图 7-87　激活元件

要点提示

要重新激活顶级装配体，可以采用类似的方法，在顶级装配体上单击鼠标右键，在弹出的快捷菜单中选取【激活】命令。

2. 打开元件

在组件模式下也可以回到零件的设计窗口，对零件的特征进行编辑和变更操作，这时首先需要打开零件。

在模型树窗口中选择需要编辑的元件，在其上单击鼠标右键，在弹出的菜单中选取【打开】命令，随后会打开独立的设计窗口，在这里可以对零件进行各种设计变更操作，其基本操作方法与在零件设计模式下完全相同。

3. 包装元件

在组件设计中，有时候需要把两个或者多个元件的装配组合为一个整体进行操作。把这样的两个或者多个元件组合的整体叫作组，而建立组的操作称为零件的包装。

在模型树中选取需要包装的元件，在其上单击鼠标右键，在弹出的快捷菜单中选取【Group】/【组】命令，新建一个组，展开组后可以看到其中包含的元件，如图 7-88 所示。

4. 删除元件

在模型树窗口中选择需要删除的元件，此时工作界面上的元件显示为红色。在其上单击鼠标右键，在弹出的快捷菜单中选择【删除】命令，系统会弹出确认对话框，确认后即可将元件删除。

要点提示

在装配环境下的元件往往有主从关系，删去一个元件时，以该元件为参照的其他元件也会被删除，因此在删除元件时需要谨慎操作。

图 7-88　包装元件

5. 修改元件

在装配环境下，对元件的修改包括对元件特征的修改和对元件装配条件的修改。修改元件特征的方法有两种。

- 打开零件。进入单独的零件设计界面，此时可以很方便地进行零件的设计和修改。
- 激活零件。在该模式下，可以很好地利用其他的元件作为参照，更方便地修改零件。

6. 修改装配条件

在模型树窗口中，在需要修改装配条件的元件上单击鼠标右键，在弹出的快捷菜单中单击 按钮，可以打开设计图标板重新定义或者更正装配条件。

7. 隐藏元件

在装配体中，各个元件在装配空间中相互重叠，一个元件遮住了其他元件，为了更为全面地观察元件的空间位置关系，可以隐藏或隐含选定的元件。

在模型树窗口中的选定元件上单击鼠标右键（或直接在模型上长按鼠标右键），在弹出的快捷菜单中选择【隐藏】命令，可以将该元件暂时隐藏起来，以便更好地观察被遮盖元件，如图 7-89 所示。如果需要重新显示该元件，在快捷菜单中选择【取消隐藏】命令即可。

图 7-89　隐藏元件

8. 隐含元件

隐含元件是将元件暂时从装配体中排除，从实际效果来看，它与删除操作相似。但是删除后的元件通常不可恢复，而隐含的元件可以通过单击【显示导航器】里的 [T] （设置）按钮，选择【树过滤器】，打开【模型树项】对话框，选择【隐含的对象】复选项，如图 7-90 所示，将其显示出来。

图 7-90　【模型树项】对话框

7.4.2　范例解析——组装装配综合训练

下面将通过一个综合实例介绍组件装配设计的一般过程。

1. 打开文件

打开素材文件"\第 7 章\素材\wheel\wheel.asm"，如图 7-91 所示。

2. 创建垫圈元件

（1）在【元件】工具组中单击 创建 按钮，打开【创建元件】对话框，按照图 7-92 所示设置参数，完成后单击 确定(O) 按钮。

（2）在【创建选项】对话框中选取【创建特征】单选项，如图 7-93 所示，然后单击 确定(O) 按钮。此时

图 7-91　打开的模型

微课 32-1
组装装配综合训练 1

原有的元件为半透明状态，可以作为新元件的设计参照。

图 7-92 【创建元件】对话框

图 7-93 【创建选项】对话框

（3）在【基准】工具组中单击 按钮启动草绘曲线工具，选取元件"R1"中心孔的外侧面为草绘平面，如图 7-94 所示。使用默认参照放置草绘平面后进入草绘模式。

（4）补充模型的中心轴线和外边线为标注参照，如图 7-95 所示。

图 7-94 选取草绘平面   图 7-95 增加标注参照

（5）在草绘界面上绘制图 7-96 所示的两个圆截面（小圆选取孔边线组成，大圆直径为"20"），完成后退出草绘界面。

（6）在【形状】工具栏中单击 按钮，打开拉伸设计工具，设置拉伸深度为"3"，最后创建的拉伸结果如图 7-97 所示。

图 7-96 绘制截面图

图 7-97 拉伸结果

（7）在模型树窗口中选择顶级装配体，在其上单击鼠标右键，从弹出的快捷菜单中选择【激活】命令，完成元件"gaskit"的设计，结果如图 7-98 所示。

（8）在模型树窗口中可以看到新元件"gaskit"创建并装配完成，如图 7-99 所示。

图 7-98　激活组件

图 7-99　模型树窗口

3. 装配元件"gaskit.prt"

（1）单击【元件】工具组中的 （组装）按钮，双击导入前面创建的元件"gaskit.prt"。

（2）展开【放置】下拉面板，新建重合约束，将两个面重合，如图 7-100 所示；新建重合约束，将两个轴重合，如图 7-101 所示，最终结果如图 7-102 所示。

图 7-100　选取参照（1）

图 7-101　选取参照（2）

4. 装配第 3 个元件

（1）单击【元件】工具组中的 （组装）按钮，双击导入素材元件"\第 7 章\素材\wxl1.prt"，如图 7-103 所示。

图 7-102　装配结果

图 7-103　打开的组件

（2）在【元件放置】面板中展开【放置】下拉面板，新建重合约束，将两个面重合，如图 7-104 所示；新建重合约束，将两个轴重合，如图 7-105 所示，装配结果如图 7-106 所示。

图 7-104　选取参照（1）

图 7-105　选取参照（2）

5. 再次装配垫圈

使用前面装配垫圈的方法在支架外侧装配垫圈，结果如图 7-107 所示。

微课 32-2
组装装配综合训练 2

图 7-106　装配结果（1）　　　　　图 7-107　装配结果（2）

6. 新建元件

（1）在【元件】工具组中单击 创建 按钮，打开【创建元件】对话框，按照图 7-108 所示设置参数，完成后单击 确定(O) 按钮。

（2）在【创建选项】对话框中选取【从现有项复制】单选项，单击 预览 按钮，打开素材元件"\第 7 章\素材\m10s1.prt"，将其加入装配环境，如图 7-109 所示，然后单击 确定(O) 按钮。

图 7-108　【创建元件】对话框

图 7-109　【创建选项】对话框

（3）在【元件放置】面板中展开【放置】下拉面板，新建重合约束，将两个面重合，如图 7-110 所示；新建重合约束，将两个轴重合，如图 7-111 所示，装配结果如图 7-112 所示。

图 7-110　选取参照（1）

图 7-111　选取参照（2）

要点提示

复制零件装配时，如果原始零件被修改，装配结果并不改变。直接调用该零件装配时，对元件的修改结果会反映到装配结果中。

7．再次装配垫圈

使用前面装配垫圈的方法在支架外侧装配垫圈，装配结果如图 7-113 所示。

图 7-112　装配结果（1）

图 7-113　装配结果（2）

8．装配螺母

（1）单击【元件】工具组中的 （组装）按钮，双击导入素材文件"\第 7 章\素材\m10lm1.prt"。

（2）在【元件放置】面板中展开【放置】下拉面板，新建重合约束，将两个面重合，如图 7-114 所示；新建重合约束，将两个轴重合，如图 7-115 所示，装配结果如图 7-116 所示。

图 7-114　选取参照（1）

图 7-115　选取参照（2）

图 7-116　装配结果

9．编辑模型

（1）在模型树窗口中选择元件"m10s1.prt"，在其上单击鼠标右键，从弹出的快捷菜单中选择【打开】命令，打开该元件的建模环境，如图 7-117 所示。

图 7-117　打开模型

（2）在元件上使用 工具创建倒圆角特征（圆角半径自行设置），结果如图 7-118 所示。

图 7-118　创建倒圆角特征

（3）单击 🔲（保存）按钮，保存设计结果。

（4）单击 ❎（关闭）按钮关闭窗口，完善后的装配结果如图 7-119 所示。

10. 创建分解图

（1）在【模型】功能区中单击【模型显示】工具栏中的 分解图 按钮，得到装配体的分解图，如图 7-120
所示。

图 7-119　装配结果　　　　　　　　　　　图 7-120　创建分解体

（2）在【模型显示】工具组中单击 编辑位置 按钮，打开编辑工具。

（3）在参数面板中按下 （平移）按钮，在模型树中选取要移动的元件，选取中心轴作为移动参考，
拖动箭头移动元件，如图 7-121 所示。适当调整元件的布局顺序和位置，分解结果如图 7-122 所示。

图 7-121　方向参照　　　　　　　　　　　图 7-122　分解结果

7.5 小结

组件装配是将使用各种方法创建单一零件组装为大型模型的重要设计方法。在组件中，每一个零件作为组件的一个元件。

在进行组件装配之前，必须深刻理解装配约束的含义和用途，并熟悉系统所提供的多种约束方法的适用场合。同时，还应该掌握约束参照的用途和设定方法。

在组件装配时，首先根据零件的结构特征和装配要求选取合适的装配约束类型，然后分别在两个零件上选取相应的约束参照来限制零件之间的相对运动。两个零件的放置状态有"无约束""部分约束"和"完全约束"3 种类型，要使两零件之间为完全约束状态，一般需要在零件上同时施加多个约束条件。另外，注意装配中"允许假设"的使用。

由于 Creo 3.0 使用全相关的单一数据库，因此在组件装配中可以分别在零件模块和组件模块中反复修改设计结果，直至满意为止。当然，这样操作还不算十分简便，还可以直接在组件模块中设计新的零件并将其加入到组件中。

在组件环境下创建新零件时，可以使用已有零件布局作为参照，不但可以获得较高的设计效率，还能获得准确的设计结果，是目前广泛应用的一种设计方法。

7.6 习题

1. 对齐约束和匹配约束都可以用来限定两平面的相对位置，两者有何区别？
2. 简要说明装配的基本工具有哪些，各有什么作用。
3. 在一个装配组件中，参与装配的两零件必须为完全约束状态吗？
4. 如果在零件模块中修改了组件中某一元件的设计内容，在组件模块中该元件是否一定会更新设计？
5. 何谓阵列装配？在什么条件下可以使用阵列装配？

Chapter

8

第 8 章
工程图

表达复杂零件时最常用的方法是使用空间三维模型，简单而且直观。但是在工程中，有时需要使用一组二维图形来表达一个复杂零件或装配组件，也就是使用工程图，例如，在机械生产第一线常用工程图来指导生产过程。

学习目标

● 掌握工程图的基本组成。

● 明确创建一般视图的方法。

● 明确创建投影视图、剖视图等的方法。

● 掌握在视图中标注各种图素的方法和技巧。

8.1 创建视图

Creo 3.0 具有强大的工程图设计功能，在完成零件的三维建模后，使用工程图模块可以快速方便地创建工程图。

8.1.1 知识准备

在快速访问工具栏中单击 按钮，在打开的【新建】对话框中选取【绘图】单选项，如图 8-1 所示。输入文件名称后单击 **确定** 按钮，系统随后弹出图 8-2 所示的【新建绘图】对话框，选取参照模型和图纸格式后，单击 **确定** 按钮，即可创建一个工程图文件。

图 8-1 【新建】对话框

图 8-2 【新建绘图】对话框

1. 使用模板设置图纸

设置图纸格式的内容包括图纸的大小，图纸的摆放方向、有无边框以及有无标题栏等。模板是系统经过格式优化后的设计样板，当新建一个绘图文件时，用户可以从系统提供的模板列表中选取某一模板进行设计。图纸的设置工作在【新建绘图】对话框中完成。

（1）【默认模型】分组框

在创建工程图时，必须指定一个三维零件或组件作为设计原型。单击该分组框中的 浏览... 按钮，打开【打开】对话框，找到欲创建工程图的模型文件后双击，将其导入系统。

要点提示

在创建工程图文件时，用户只可以选取一个参照零件，但这并不代表整个工程图中就只能包含一个文件。进入工程图模式后，用户可以根据具体情况再次导入其他的参照模型，这在系统化地创建一个组件的工程图纸时非常有用。

（2）【指定模板】分组框

在这里选取采用什么样的模板创建工程图，其中包含以下3个单选项。

- 【使用模板】：使用系统提供的模板创建工程图。
- 【格式为空】：使用系统自带的或用户自己创建的图纸格式创建工程图，如图8-3所示，单击【格式】分组框中的 浏览... 按钮，打开【打开】对话框，导入需要的格式文件（.frm 文件），如图8-4和图8-5所示。

图8-3 【新建绘图】对话框（1）

图8-4 图纸格式示例1

图8-5 图纸格式示例2

- 【空】：如图8-6所示，图纸不含任何格式，设置好图纸的摆放方向和图纸大小后即可创建一个空的工程图文件。当用户单击 按钮时，用户可以根据实际情况自定义图纸的大小，如图8-7所示。

图 8-6 【新建绘图】对话框（2）　　　　图 8-7 【新建绘图】对话框（3）

（3）【模板】分组框

以列表的形式显示默认模板名称，在其中选取适当的模板即可。单击右侧的 **浏览...** 按钮还可以导入自己的模板文件来创建工程图。

 要点提示

使用模板创建工程图时，系统会自动创建模型的一组正交视图，从而简化设计过程。在 3 种图纸设置方式中，【使用模板】的智能化程度最高，指定设计模板后系统可以自动创建模型的三视图；选取【格式为空】单选项后，用户必须自行指定视图投影方向才能创建必要的视图；选取【空】单选项后，很多工作都需要用户自己设定。

2. 工程图的组成

一张完整的工程图应该包括以下内容。

● 一组适当数量的视图：用来表达零件的结构和形状。

● 必要的尺寸：对于单个零件，必须标出主要的定形尺寸。对于装配组件，必须标出必要的定位尺寸和装配尺寸。

● 必要的文字标注：视图上剖面的标注、元件的标识及装配的技术要求等。

● 元件明细表：对于装配组件，还应该使用明细表列出组件上各元件的详细情况。

3. 视图的类型

工程图使用一组二维平面图形来表达一个三维模型，每一个平面图形称为一个视图。在确保把零件表达清楚的条件下，又要尽可能减少视图数量，因此视图类型的选择是关键。

Creo 3.0 中的视图类型丰富，根据视图使用目的和创建原理的不同，可以分以下几类。

（1）一般视图

一般视图是系统默认的视图类型，是为零件创建的第 1 个视图，是按照一定投影关系创建的一个独立正交视图，如图 8-8 所示。通常将创建的第 1 个一般视图作为主视图，并将其作为创建其他视图的基础和根据。

要点提示

由同一模型可以创建多个一般视图，这与选定的投影参照和投影方向有关。通常，用一般视图来表达零件最主要的结构，通过一般视图可以最直观地看出模型的形状和组成。

（2）投影视图

在创建一般视图后，用户还可以在正交坐标系中从其余角度观察模型，从而获得和一般视图投影关系相符合的视图，这些视图被称为投影视图。图 8-9 所示是在一般视图上添加投影视图的结果，这里添加了 4 个投影视图，但在实际设计中，仅添加设计需要的投影视图即可。

图 8-8 一般视图   图 8-9 投影视图

（3）辅助视图

辅助视图是对某一视图进行补充说明的视图，通常用于表达零件上的特殊结构。如图 8-10 所示，为了看清主视图在箭头指示方向上的结构，使用该辅助视图。

（4）详细视图

详细视图使用细节放大的方式表达零件上的重要结构。如图 8-11 所示，图中使用详细视图表达了齿轮齿廓的形状。

图 8-10 辅助视图   图 8-11 详细视图

（5）全视图和部分视图

根据零件表达细节的方式和范围的不同，视图还可以进行以下分类。

① 全视图。全视图以整个零件为表达对象，视图范围包括整个零件的轮廓。例如，对于图 8-12 所示的模型，使用全视图表达的结果如图 8-13 所示。

图 8-12　三维模型

图 8-13　全视图

② 半视图。对于关于对称中心完全对称的模型，只需要使用半视图表达模型的一半即可，这样可以简化视图的结构。图 8-14 所示为使用半视图表达图 8-12 所示模型的结果。

③ 局部视图。如果一个模型的局部结构需要表达，可以为该结构专门创建局部视图。图 8-15 所示为模型上部凸台结构的局部视图。

图 8-14　半视图

图 8-15　局部视图

④ 破断视图。对于结构单一且尺寸较长的零件，可以根据设计需要使用水平线或竖直线将零件剖断，舍弃部分雷同的结构以简化视图，这种视图就是破断视图。图 8-16 所示即为将长轴零件从中部剖断，创建破断视图。

图 8-16　破断视图

（6）剖视图和断面图

剖视图和断面图用于表达零件内部结构和断面形状。

① 剖视图。创建剖视图时，首先沿指定剖截面将模型剖开，然后创建剖开后模型的投影视图，在剖面上用阴影线显示实体材料部分。剖视图又分为全剖视图、半剖视图和局部剖视图等类型。

在实际设计中，常常将不同的视图类型进行结合来创建视图。例如，图 8-17 所示为将全视图和全剖视图结合的结果，图 8-18 所示为将全视图和半剖视图结合的结果，图 8-19 所示为将全视图和局部剖视图结合的结果。

图 8-17 全剖视图　　　　　　图 8-18 半剖视图　　　　　　图 8-19 局部剖视图

② 断面图。断面图用于表达零件的截面形状。如图 8-20 所示的轴类零件，即用断面图来重点表达键槽的截面形状。

 要点提示

注意剖视图和断面图的区别，断面图仅表达使用剖截面剖切模型后模型断面的形状，而不考虑投影关系，如图 8-20 所示。

③ 三视图。三视图用于从 3 个不同方向来表达模型的形状。如图 8-21 所示。

图 8-20 断面图　　　　　　　　　　图 8-21 三视图

4. 创建一般视图

一般视图是工程图上的第 1 个视图。如果在【新建绘图】对话框的【指定模板】分组框中选取了【格式为空】或【空】单选项，系统不会自动创建任何视图。这时需要用户自己创建第 1 个视图，而第 1 个视图就从一般视图开始。

（1）设计工具

在【布局】功能区中的【模型视图】工具组中单击 （常规视图）按钮，在设计界面上选取一点，打开图 8-22 所示的【绘图视图】对话框，在这里依次设置参数创建工程图。

在【绘图视图】对话框左侧的【类别】列表框中可以设置以下参数。

① 视图类型。在【类别】列表中选取【视图类型】选项，可以设置视图名称、视图方向、辅助视图以及详细视图等类型，然后指定参照正确放置视图。

② 可见区域。在【类别】列表中选取【可见区域】选项，可以选择创建全视图、半视图、局部视图或破断视图等。

③ 比例。在【类别】列表中选取【比例】选项，可以设置实物模型的缩放比例，如果实物模型尺寸较

大，为了在图纸幅面内容纳下绘图内容，应该设置小于1的绘图比例来绘图。

图8-22 【绘图视图】对话框

④ 截面。在【类别】列表中选取【截面】选项，可以选取或临时创建截面，剖截模型创建全剖、半剖以及局部剖等各种剖视图以及断面图。

⑤ 视图状态。在【类别】列表中选取【视图状态】选项，可以设置【组合状态】、【分解视图】以及【简化表示】3项参数。

⑥ 视图显示。在【类别】列表中选取【视图显示】选项，可以设置视图上边线、骨架以及剖面线的显示方式和线型。

⑦ 原点。在【类别】列表中选取【原点】选项，可以设置视图的默认原点，从而控制视图在图纸中的放置位置。

⑧ 对齐。在【类别】列表中选取【对齐】选项，可以设置参照将选定的视图对齐。

（2）设计步骤

新建绘图文件时，如果在【新建绘图】对话框的【指定模板】分组框中选取了【格式为空】或【空】单选项，系统将打开一幅空白图纸。

按照以下步骤创建视图。

① 在图纸上选取一点来定位视图。

这个位置点不必特别准确，随后介绍的移动视图工具可以用来移动选定的视图。

② 确定模型的投影方向，创建视图。

为视图选取放置参照和定位方向，以便准确确定视图的视角。

③ 设置【可见区域】参数。

如有必要，可以将视图设置为全视图、半视图和局部视图等类型。

④ 创建剖视图。

如有必要，在模型上创建各类剖视图。

⑤ 设置其他参数。

设置模型比例、显示状态以及原点等参数。

（3）移动视图

在图纸上放置视图后，有时需要移动视图以获得最佳的视觉效果。

通常情况下，为了防止误操作，系统锁定了视图移动功能。如果要移动视图，在选定的视图上单击鼠标右键，在弹出的快捷菜单中取消选中【锁定视图移动】选项，就可以拖动视图进行移动操作了。

 要点提示

在创建一般视图后，用户可以随意移动视图。但是在一般视图的基础上创建的其他视图不能在图纸平面内任意移动，这些视图必须和其他视图之间满足确定的投影关系，因此只能在特定方向上移动视图。建议一般情况下锁定视图的移动功能，以方便其他视图操作。

5. 创建其他视图

创建一般视图后，即可在此基础上创建其他视图。

（1）创建投影视图

投影视图和主视图之间符合严格的投影关系。创建投影视图的方法比较简单，在主视图周围的适当位置选取一点后，系统将在该位置自动创建与主视图符合投影关系的投影视图。

（2）创建辅助视图

辅助视图也是一种投影视图，用于表达模型在其他视图上尚未表达清楚的结构。设计时需要选定一个视图作为辅助视图的父视图，然后在父视图上选取一个垂直于屏幕的曲面或平行于屏幕的轴线作为参照进行投影。

在图 8-23 中采用了辅助视图来表达支架模型的结构。在创建辅助视图时，可以创建全视图，也可以创建局部视图表达零件的部分结构，如图 8-24 所示。

图 8-23　创建辅助视图（1）　　　　图 8-24　创建辅助视图（2）

创建辅助视图的基本步骤如下。

① 在父视图周围选取一点作为辅助视图的放置中心。

② 在父视图上选取一个垂直于屏幕的曲面或平行于屏幕的轴线作为参照，系统将以垂直于该平面或平行于该轴线的投影方向创建辅助视图。

③ 如果选取了半视图、局部视图或剖视图等其他视图类型，则用户可以根据系统提示选取相应的参照继续创建视图。

④ 使用移动工具适当调整各视图的布置位置，使之整齐有序。

（3）创建详细视图

详细视图也叫局部放大视图，用于以适当比例放大模型上的某一细节结构，以便看清该结构的构成以及完成尺寸标注。如图 8-25 的轴类零件，为了表达清楚其上的砂轮越程槽结构，使用了详细视图。

创建详细视图的基本步骤如下。

① 在父视图周围选取一点作为详细视图的中心点。

② 在父视图上指定放大部位的中心，然后使用鼠标草绘的方式在该中心处绘制一放大区域，完成后单击鼠标中键确认。

③ 在界面适当位置单击鼠标左键以放置视图。

④ 双击生成的详细视图，在打开的【绘图视图】对话框中根据具体情况修改视图的相应参数，一般情况下接受默认设置。

（4）创建断面图

创建断面图时，可以选取三维模型中的已有剖截面作为剖切平面，也可以在放置视图时临时创建一个切割平面。图 8-26 所示的支架零件是使用断面图来表达支架的截面形状。

图 8-25　创建详细视图　　　　图 8-26　创建旋转视图

创建断面图的基本步骤如下。

① 为断面图选取父视图。

② 在父视图上选取一点作为断面图的中心点。

③ 选取或创建剖截面，在【绘图视图】对话框中设置剖截面的参数。如果先前创建了剖截面，则单击选项框右侧的 按钮，选取相应剖面作为参照创建断面图。

④ 如果选取【创建新】选项，则打开【剖截面创建】菜单用于创建新的剖截面。其中【平面】选项用于指定模型上的基准平面作为切割平面创建剖面，而选取【偏距】选项则可以创建临时基准平面作切割平面创建剖面。

⑤ 指定断面图的中心轴线位置。

⑥ 使用移动工具适当调整各视图的布置位置，使之整齐有序。

（5）创建半视图

半视图常用于表达结构对称的零件。与创建全视图不同的是，必须指定一个平面来确定半视图的分割位置，然后还需要指定一个视图创建方向。

创建半视图的基本步骤如下。

① 指定视图放置中心，如果创建的半视图为主视图，首先按照一般视图的创建方法放置视图。如果创建的是投影视图，系统按照投影关系在该放置中心创建视图。

② 在视图上选取一个参照平面为半视图的分割平面；一般来说，该平面必须经过模型的对称中心。

③ 系统用箭头指示半视图的创建方向，在【方向】菜单中设置该方向，如图 8-27 和图 8-28 所示，图中采用基准平面 RIGHT 作为分割参照。

图 8-27　创建半视图（1）

图 8-28　创建半视图（2）

（6）创建局部视图

局部视图用于表达零件上的局部结构。

创建局部视图的基本步骤如下。

① 在图纸上选取适当的位置放置视图。

② 选取零件上需要局部表达部分的中心，系统将在该位置显示一个"×"号。

③ 使用草绘样条曲线的方法确定局部表达的范围后，创建局部视图，如图 8-29 所示。

图 8-29　创建局部视图

（7）创建剖视图

剖视图是一种重要的视图类型，常用于表达模型内部的孔以及内腔结构。剖视图的类型众多，表达方式灵活多样。在创建剖视图时，首先在【绘图视图】对话框中选取【剖面】选项，进一步设定剖截面的详细内容。

8.1.2　范例解析——创建视图

下面将通过一个综合实例介绍创建视图的一般方法。

1．创建一般视图

（1）单击 按钮，新建名为"draw1"的绘图文件。

（2）在打开的【新建绘图】对话框中单击顶部的 浏览... 按钮，打开素材文件"\第 8 章\素材\ draw1.prt"，如图 8-30 所示。

图 8-30　打开的模型

（3）在【指定模板】分组框中选取【空】单选项，其余参数设置如图 8-31 所示，单击 确定(0) 按钮后进入图 8-32 所示的绘图环境。

图 8-31　【新建绘图】对话框

图 8-32　设计模板

（4）在【布局】功能区中的【模型视图】工具组中单击 🔲（常规视图）按钮，在设计界面上选取一点，打开【绘图视图】对话框，依次设置以下参数。

- 在左侧的【类别】列表框中选取【视图类型】选项，此时视图类型默认为常规，已经创建一般视图。
- 在【视图方向】分组框中选取零件定位方法为【几何参考】。
- 在【参考 1】下拉列表中选取【前】，然后选取图 8-33 所示的平面作为参照。
- 在【参考 2】下拉列表中选取【右】，然后选取图 8-34 所示的平面作为参照。
- 完成参数设置的【绘图视图】对话框如图 8-35 所示，创建的一般视图如图 8-36 所示。

微课 33
创建视图

图 8-33　选取参考 1

图 8-34　选取参考 2

图 8-35　参数设置

图 8-36　创建一般视图

要点提示

确定参照前，出现在图纸上的默认视图是一个平面图形，并非三维模型，用户只能移动和缩放视图，不能旋转视图。

（5）设置比例。

- 在【绘图视图】对话框的【类别】列表框中选取【比例】选项。
- 在【比例和透视图选项】分组框中选取【自定义比例】选项，设置比例为"0.014"，如图 8-37 所示，放大一般视图。
- 在新建的视图上长按鼠标右键，在弹出的快捷菜单中选取【锁定视图移动】命令，取消对视图的锁定，然后适当移动视图，结果如图 8-38 所示。

（6）设置视图显示方式。

- 在【绘图视图】对话框的【类别】列表框中选取【视图显示】选项。
- 在【显示样式】下拉列表中选取【消隐】选项。
- 在【相切边显示样式】下拉列表中选取【无】选项，如图 8-39 所示。

图 8-37　比例参数设置

图 8-38　移动视图

（7）设置原点。

- 在【绘图视图】对话框的【类别】列表框中选取【原点】选项。
- 按照图 8-40 所示设置坐标系原点（6,12）。

其他按系统默认设置，单击 确定 按钮关闭对话框后得到的工程效果图如图 8-41 所示。

图 8-39　显示参数设置

图 8-40　原点设置

图 8-41　创建的视图

图 8-42　创建投影视图

2. 创建投影视图

（1）在已经创建的主视图上长按鼠标右键，在弹出的快捷菜单中选取【投影视图】命令。

（2）移动鼠标指针在适当位置单击放置投影视图，如图 8-42 所示。

（3）在新建的投影视图上双击，打开【绘图视图】对话框，设置投影视图的相关参数，参考设计结果如图 8-43 所示。

（4）在投影视图上长按鼠标右键，在弹出的快捷菜单中选取【投影视图】命令，在其右侧适当位置单击，放置投影视图，然后设置视图参数，参考结果如图 8-44 所示。

图 8-43　编辑投影视图

图 8-44　创建投影视图

 要 点 提 示

投影视图中不能修改视图的比例。此外，本例创建视图时采用的是国际上常用的第三角画法，而我国通用的机械图样通常采用第一角画法，即采用主视图、俯视图和左视图的配置方式。关于第一角画法的设置方法请参看稍后的实例。

3. 创建局部剖视图

（1）双击主视图，打开【绘图视图】对话框，在【类别】列表框中选取【截面】选项。

（2）在【截面选项】分组框中选取【2D 横截面】单选项。

（3）单击 ✚ 按钮，在弹出的【菜单管理器】/【横截面创建】菜单中选取【完成】选项，如图 8-45 所示。

（4）在弹出的【编辑】文本框中输入截面名称"A"，然后单击 ✔ 按钮。

（5）在【菜单管理器】中选取【平面】选项，在视图工具栏中单击 ⧄ 按钮，显示基准平面，然后在俯视图中选取基准平面 DTM2，如图 8-46 所示。

图 8-45 菜单操作

图 8-46 选取基准平面

（6）在【剖切区域】下拉列表中选取【局部】选项，创建局部剖视图，如图 8-47 所示。

（7）系统提示选取一点作为剖切中心，在主视图上图 8-48 所示的位置选取一点。

（8）围绕该点草绘封闭曲线作为局部剖视图范围，如图 8-49 所示。

图 8-47 【绘制视图】对话框

图 8-48 选取剖切中心

图 8-49 绘制剖切区域

（9）在【绘图视图】对话框中单击 确定 按钮后，最终创建的视图如图 8-50 所示。

图 8-50 创建局部剖视图

8.2 视图的操作

8.2.1 知识准备

一项完整的工程图还应该包括各项视图标注，例如，必要的尺寸标注、必要的符号标注以及必要的文字标注等。另外，在创建视图后还需要进一步修改视图上的设计内容。

1. 标注尺寸

由于 Creo 3.0 在创建工程图时使用已经创建的三维零件作为信息原型，因此在创建三维模型时的尺寸信息也将在工程图中被继承下来。在完成各向视图绘制后，可以重新显示需要的尺寸并隐藏不需要的尺寸。

（1）显示尺寸

在【注释】功能区的【注释】工具组中单击 📐 （显示模型注释）按钮，打开【显示模型注释】对话框，该对话框包括 6 个选项卡，如图 8-51 所示，分别对应了模型尺寸、几何公差、模型注解、表面粗糙度、模型符号、模型基准等基本功能。

图 8-51 【显示模型注释】对话框

要点提示

在设置某些项目显示的过程中，用户可以根据实际情况设置其显示类型。例如，在设置显示尺寸的过程中，可以从【类型】下拉列表中选择【全部】、【驱动尺寸注释元素】、【所有驱动尺寸】、【强驱动尺寸】、【从动尺寸】等选项。

在【显示模型注释】对话框中可以选取不同类型的显示项目，设置模型的注释选项及其类型后，选择主视图，单击 按钮，则显示所有尺寸。

取消勾选不需要的尺寸标注，单击应用按钮，完成尺寸标注，如图 8-52 所示。

图 8-52 标注尺寸

选取视图中不规范和重复的尺寸，当其变成红色的时候，按 Delete 键将其删除。

（2）调整尺寸标注

使用【显示模型注释】对话框创建的尺寸常常并不理想，这时可以进一步调整指定的尺寸标注，这主要包括工具条上的以下两个设计工具。

● 按住 Ctrl 键选取要对齐的多个尺寸，单击鼠标右键，在弹出的快捷菜单中选取【对齐尺寸】命令。
● 双击所要编辑的尺寸，系统弹出【尺寸属性】对话框，在【属性】选项卡中用户可以设置尺寸公差、尺寸文本的小数位数以及角度尺寸的标注方式。

（3）增加新的尺寸标注

如果需要在视图上添加新的尺寸标注，可单击 尺寸按钮标注新的尺寸。在工程图上标注尺寸的方法与在二维草图上标注尺寸类似，标注尺寸时，系统将弹出【选择参考】菜单。

在菜单中选取适当的选项来确定尺寸的参考方式。

● 【选择图元】：这是创建常规尺寸的方法，将该尺寸附着在图元的拾取点处。
● 【选择圆弧或圆切线】：将尺寸附着到所选图元的圆弧或圆的切线上。
● 【选择边或图元的中点】：通过捕捉对象的中点来标注尺寸。
● 【选择由两个对象定义的相交】：通过捕捉两个图元的交点来标注尺寸。
● 【在两点之间绘制虚线】：创建引出线来附着尺寸。

2. 标注几何公差

在【注释】工具组中单击 （几何公差）按钮，打开图 8-53 所示的【几何公差】对话框，在【模型参考】选项卡中设置公差标注的位置，在【基准参考】选项卡中设置公差标注的基准，在【公差值】选项卡中设置公差的数值，在【符号】选项卡中设置公差的符号。

图 8-53 【几何公差】对话框

3. 标注注释

在【注释】工具组中单击 注解 按钮，打开图 8-54 所示的【选择点】对话框，选取相应注释项目后在视图上标注位置，即可通过系统的提示文本框输入注释内容，其间还可以通过图 8-55 所示的【文本符号】面板插入特殊的注释符号。

图 8-54 【选择点】对话框

图 8-55 【文本符号】面板

4. 插入球标

球标是一种特殊的注释，是放在圆圈中的注释，通常用于在组件工程图中标示不同的零件。在【注释】下拉菜单中选择【球标注解】选项，后面的制作过程与制作注释相似，这里不再细述。图 8-56 所示为注释和球标的示例。

5. 插入表格

在【表】功能区的【表】工具组中单击 （表）按钮，弹出图 8-57 所示的【插入表】对话框。

（1）【插入表】对话框

下面介绍对话框中各选项的功能。

图 8-56 插入球标

图 8-57 【插入表】对话框

- 【降序】：从表的顶部开始向下创建表格。
- 【升序】：从表的底部开始向上创建表格。
- 【右对齐】：表格中各单元格右对齐。
- 【左对齐】：表格中各单元格左对齐。

（2）创建表格的步骤

创建表格的步骤如下。

① 选取表格的第一点。如果以升序方式创建表格，则选取表格的左下角点。如果以降序方式创建表格，则选取表格的左上角点。

② 在行上划分单元格，可以以行和列确定单元格。在【行】和【列】中分别输入高和宽的尺寸，创建表格，如图 8-58 所示。使用类似的方法确定列单元格，单击鼠标中键后创建表。

③ 使用【表】下拉菜单的工具调整表的结构，如合并单元格等。

④ 双击某一单元格，可以向单元格中输入文本。在【文本】框中添加文本内容，在【格式】功能区中设置文本的格式。

图 8-58　创建表格

6. 视图的修改

创建视图后，如果还需要进一步修改视图，可以在需要修改的视图上双击鼠标左键，此时系统弹出【绘图视图】对话框，利用该对话框定义视图上的各项内容。

如果要删除某一视图，选取该视图后，在工具栏上单击 × 按钮即可。此外，如果在剖视图上双击鼠标左键，则可以在弹出的【修改剖面线】菜单中修改剖面线的基本内容，例如剖面线的间距、倾角等。

微课 34-1
创建阀座工程图 1

8.2.2　范例解析——创建阀座工程图

下面通过一个综合实例说明工程图的设计方法和技巧。

1. 新建绘图文件

（1）单击 按钮，新建名为"bearing_seat"的绘图文件。

（2）在打开的【新建绘图】对话框中单击顶部的 浏览... 按钮，打开素材文件"\第 8 章\素材\bearing_seat.prt"，在【指定模板】分组框中选取【格式为空】选项，然后在【格式】分组框中单击 浏览... 按钮，打开素材文件"\第 8 章\素材\format.frm"。

（3）设置参数后的【新建绘图】对话框如图 8-59 所示，单击 确定(O) 按钮后进入图 8-60 所示的绘图环境。

2. 设置第一角画法

（1）选取菜单命令【文件】/【准备】/【绘图属性】，打开【绘图属性】对话框，在【详细信息选项】下单击【更改】选项。

（2）在【选项】文本框中输入"projection_type"；将其值修改为"first_angle"，然后单击 添加/更改 按钮，将第三角画法修改为我国通用的第一角画法，最后单击 确定(O) 按钮。

图 8-59　【新建绘图】对话框

图 8-60　绘图环境

3. 创建一般视图

（1）在【布局】功能区的【模型视图】工具组中单击 ![icon]（常规视图）按钮，在绘图区中选择一点放置模型，并打开【绘图视图】对话框，在左侧的【类别】列表框中选取【视图类型】选项。

（2）视图类型默认为【常规】。在【视图方向】分组框中选取零件定位方法为【几何参考】，在【参考 1】右侧的下拉列表中选取【前】，然后选取图 8-61 所示的平面作为参照。

（3）在【参考 2】右侧的下拉列表中选取【右】，然后选取图 8-62 所示的平面作为参考。完成参数设置的【绘图视图】对话框如图 8-63 所示，创建的一般视图如图 8-64 所示。

图 8-61　选取参照 1

图 8-62　选取参照 2

图 8-63　参数设置

图 8-64　创建一般视图

（4）设置可见区域。在【绘图视图】对话框的【类别】列表框中选取【可见区域】选项，设置【视图可见性】为【全视图】，为一般视图创建全视图，如图 8-65 所示。

（5）设置比例。在【绘图视图】对话框的【类别】列表框中选取【比例】选项，在【比例和透视图】分组框中选取【自定义比例】单选项，设置比例为"0.014"，如图 8-66 所示。

图 8-65　设置可见区域　　　　　　　　　　　　　图 8-66　设置比例

（6）设置视图显示方式。在【绘图视图】对话框的【类别】列表框中选取【视图显示】选项，在【显示样式】下拉列表中选取【消隐】选项，在【相切边显示样式】下拉列表中选取【无】选项，如图 8-67 所示。

（7）设置原点。在【绘图视图】对话框的【类别】列表框中选取【原点】选项，按照图 8-68 所示设置坐标系原点（5,8.5），其他按系统默认设置，单击 **确定(O)** 按钮，关闭对话框后得到的工程效果图如图8-69 所示。

图 8-67　设置视图显示方式　　　　　　　　　　　图 8-68　设置原点

4．创建俯视图

（1）插入投影视图。选取创建的主视图，待出现边框线时长按鼠标右键，在弹出的快捷菜单中选取【投影视图】命令，在一般视图下部的适当位置单击鼠标左键，放置俯视图，如图 8-70 所示。

（2）设置视图显示。双击刚才创建的俯视图，在【绘图视图】对话框的【类别】列表框中选取【视图显示】选项，在【显示样式】下拉列表中选取【消隐】选项，在【相切边显示样式】下拉列表中选取【无】选项。

图 8-69 工程效果图

图 8-70 创建俯视图

（3）设置原点。在【绘图视图】对话框的【类别】列表框中选取【原点】选项，按照图 8-71 所示设置坐标系原点（5,3.5），最后得到的工程效果图如图 8-72 所示。

图 8-71 设置原点

图 8-72 创建的投影视图

5. 创建阶梯剖视图

（1）插入投影视图。选取创建的主视图，待出现边框线时长按鼠标右键，在弹出的快捷菜单中选取【投影视图】命令，在一般视图右侧的适当位置单击鼠标左键，放置左视图，如图 8-73 所示。

图 8-73 创建左视图

（2）设置视图显示。双击刚才创建的左视图，在【绘图视图】对话框的【类别】列表框中选取【视图显示】选项，在【显示样式】下拉列表中选取【消隐】选项，在【相切边显示样式】下拉列表中选取【无】选项。

（3）设置截面。在【绘图视图】对话框的【类别】列表框中选取【截面】选项，在【截面选项】分组框中选择【2D 横截面】单选项。

（4）单击 **+** 按钮，在其下的【名称】下拉列表中选择截面名【A】，拖动【绘图视图】对话框底部的滑动条，在【箭头显示】栏下激活选取文本框，如图 8-74 所示，选取俯视图为剖面箭头的放置视图后，其上将增加剖面箭头，如图 8-75 所示，此时创建的视图如图 8-76 所示，然后单击 **应用** 按钮。

图 8-74　设置剖切参数

图 8-75　显示剖切符号

图 8-76　创建的剖视图

（5）设置原点。在【绘图视图】对话框的【类别】列表框中选取【原点】选项，按照图 8-77 所示设置坐标系原点（11,8.5），最后创建的左视图如图 8-78 所示。

6. 创建轴测图

（1）设置视图类型。在【布局】功能区的【模型视图】工具组中单击 ⬚（常规视图）按钮，在绘图区中选择一点放置模型，并打开【绘图视图】对话框。

（2）设置比例。在【绘图视图】对话框的【类别】列表框中选取【比例】选项，在【比例和透视图】分组框中选取【自定义比例】选项，设置比例为"0.014"。

图 8-77 设置原点

图 8-78 创建的左视图

（3）设置视图显示。在【绘图视图】对话框的【类别】列表框中选取【视图显示】选项，在【显示样式】下拉列表中选取【消隐】选项，在【相切边显示样式】下拉列表中选取【无】选项。

（4）设置原点。在【绘图视图】对话框的【类别】列表框中选取【原点】选项，按照图 8-79 所示设置坐标系原点（11,4），最后创建的轴测图如图 8-80 所示。

图 8-79 设置原点

图 8-80 创建的轴测图

7. 标注和调整尺寸

（1）显示和移动尺寸。选取创建的主视图，待出现框线时，在【注释】功能区的【注释】工具组中单击 （显示模型注释）按钮，打开【显示模型注释】对话框。

（2）单击对话框中的 （尺寸）按钮，显示该视图的所有线性尺寸。在尺寸前面的框格中勾选需要保留的尺寸，单击 确定 按钮完成设置。依次单击

微课 34-2
创建阀座工程图 2

另外两个视图重复以上操作，确认后得到的工程图如图 8-81 所示。

图 8-81　显示尺寸

（3）移动尺寸。选取尺寸，使之变为绿色，当鼠标光标形状变为 ✛ 后，将位置重叠的尺寸移开，结果如图 8-82 所示。

图 8-82　移动尺寸

（4）删除不规范和重复标注的尺寸。选取视图中不规范和重复的尺寸，当其变成绿色时，按 Delete 键将其删除。

（5）移动尺寸在视图上的位置。选中俯视图中的沉孔尺寸，在其上长按鼠标右键，在弹出的快捷菜单中选取【移动到视图】命令，如图 8-83 所示，选取左视图为放置尺寸的视图，移动结果如图 8-84 所示。

图 8-83 快捷菜单操作

图 8-84 移动结果

（6）对齐尺寸。按住 Ctrl 键选取要对齐的多个尺寸，长按鼠标右键，在弹出的快捷菜单中选取【对齐尺寸】命令，结果如图 8-85 所示，对齐全部尺寸后的结果如图 8-86 所示。

图 8-85 对齐尺寸结果（1）

图 8-86 对齐尺寸结果（2）

8. 编辑尺寸

（1）选取菜单命令【文件】/【准备】/【绘图属性】，打开【绘图属性】对话框，在【详细信息选项】栏中选择【更改】，在【选项】文本框中输入"tol_display"，修改其【值】为"yes"，显示尺寸公差，结果如图 8-87 所示。

图 8-87　显示尺寸公差的结果

（2）编辑尺寸。双击要编辑的尺寸，如图 8-88 所示，系统弹出【尺寸属性】对话框，在【属性】选项卡中可以设置尺寸公差、尺寸文本的小数位数以及角度尺寸的标注方式。用户也可以单击【显示】分组框中的 反向箭头 按钮，调整尺寸的箭头方向，本尺寸的设置如图 8-89 所示。

图 8-88　选取编辑对象　　　　　　　　　　图 8-89　【尺寸属性】对话框

微课 34-3
创建阀座工程图 3

（3）使用类似的方法编辑其余尺寸，调整完全部公差后的视图如图 8-90 所示。

图 8-90　编辑公差后的结果

（4）单击【尺寸属性】对话框下侧的 **移动...** 按钮，此时修改的尺寸以红色高亮显示，并且随着鼠标光标的移动而移动。单击 **移动文本...** 按钮，此时修改的文本以红色高亮显示，并且随着鼠标光标的移动而移动，但尺寸界线并不随之移动。

（5）在【尺寸属性】对话框中可以修改尺寸符号值，在【名称】文本框中的值为当前尺寸符号，用户也可以键入新文本以改变符号值。

当需要向尺寸文本中添加一些特殊符号（如直径符号、角度符号等）时，单击【尺寸属性】对话框下侧的 **文本符号...** 按钮，系统弹出【文本符号】对话框，利用该对话框可以选择需要的符号。

（6）进入【尺寸属性】对话框中的【文本样式】选项卡，在这里可以设置尺寸文本的字体、大小，选择文本样式的名称，还可以设置尺寸文本在尺寸中的位置等属性。在【注解/尺寸】分组框中的【水平】下拉列表中选取【中心】选项。

完成尺寸编辑得到的效果图如图 8-91 所示。

图 8-91　编辑尺寸后的结果

9. 编辑注释

（1）编辑文本内容。双击左视图下部的【截面 A-A】字样，删掉"截面"两字，如图 8-92 所示，结果如图 8-93 所示。

图 8-92　选取对象　　　　　　　　　图 8-93　操作结果

（2）编辑文本样式。双击左视图下部的【A-A】字样，在顶部【格式】功能区的【样式】面板右边单击 按钮，进入【注释属性】对话框的【文本样式】选项卡，在【注释/尺寸】分组框的【水平】下拉列表中选取【中心】选项。

（3）保存尺寸。选取菜单命令【文件】/【准备】/【绘图属性】，打开【绘图属性】对话框，在【详细信息选项】栏中选择【更改】，打开【选项】对话框，在【选项】文本框中修改"create_drawing_dims_only"的特征值，这将决定尺寸是保存在相关的零件中还是保存在绘图中，请读者自己把握。

要点提示

当设置为"no"（默认）时，将把绘图中创建的所有新模型尺寸（非草绘尺寸）保存在相关零件或组件中，绘制尺寸依然保存到绘图中。设置为"yes"时，将把绘图中创建的所有新尺寸仅保存在绘图中。

10. 标注形位公差

（1）设置基准。在【注释】工具组中单击　（显示模型注释）按钮，打开【显示模型注释】对话框，单击　按钮，选取图 8-94 所示的左视图，系统自动创建轴基准。选择创建的基准，如图 8-95 所示，最后创建的基准如图 8-96 所示。

（2）设置对称度公差。在【注释】工具组中单击　（几何公差）按钮，打开【几何公差】对话框，单击　//　（对称度公差）按钮。

图 8-94　选取对象

图 8-95　设置参数

（3）在参考【类型】下拉列表中选取【轴】选项，单击 选择图元... 按钮，选取步骤10（2）创建的轴A，选取放置【类型】为【带引线】，如图8-97所示。

图8-96 创建的基准轴

图8-97 标注设置

（4）单击 放置几何公差... 按钮，选取图8-98所示的孔内表面，然后单击鼠标中键，最后创建的公差标注如图8-99所示。

图8-98 选取参照

图8-99 公差标注结果

（5）进入【几何公差】对话框的【基准参考】选项卡，设置如图8-100所示。

（6）进入【几何公差】对话框的【公差值】选项卡，设置如图8-101所示。

图8-100 参数设置1

图 8-101　参数设置 2

（7）单击 **移动…** 按钮，将几何公差移动到适当位置，完成形位公差的设置，得到的效果图如图 8-102 所示。

（8）标注工程图的其他形位公差，结果如图 8-103 所示。

图 8-102　形位公差标注结果

图 8-103　标注完成的工程图

11．标注表面粗糙度

（1）在【注释】工具组中单击 ³²✓表面粗糙度 按钮，打开【打开】对话框，打开"machined"文件夹中的"standard1.sym"文件，打开【表面粗糙度】对话框。

（2）选取图 8-104 所示的面，并输入粗糙度值"3.2"，完成表面粗糙度的标注，结果如图 8-105 所示。

图 8-104　选取参照　　　　　　　　图 8-105　标注结果

（3）依照同样的方法标注其他地方的粗糙度，结果如图 8-106 所示。

图 8-106　标注粗糙度后的工程图

12．添加注释

（1）插入注释文本。在【注释】工具组中单击 ✍注解 按钮，打开【选择点】对话框，移动鼠标指针在视图区中选取一点作为注释放置的位置，在文本框中输入文本"其余"，两次回车完成文本输入，在【格式】功能区中修改大小参数，将文字的高度设置为"0.5"。

（2）插入粗糙度符号。在【注释】工具组中单击 ³²✓表面粗糙度 按钮，弹出【表面粗糙度】对话框，在【定义】分组框的【符号名】下拉列表中选择【standard1】选项，在"其余"右侧单击鼠标左键，放置并输入粗糙度值"12.5"，完成其他注释，最终效果图如图 8-107 所示。

图 8-107　最终完成的工程图

8.3　小结

工程图是以投影方式创建一组二维平面图形来表达三维零件，它在机械加工的生产第一线用作指导生产的技术语言文件，具有重要的地位。

工程图包含一组不同类型的视图，这些视图分别从不同视角以不同方式来表达模型特定方向上的结构。应该深刻理解各种视图类型的特点及其应用场合。在创建第一个视图时，一般视图是唯一的选择。一般来说，对于复杂的三维模型，仅仅使用一个一般视图表达零件是远远不够的，这时可以再添加投影视图，以便从不同角度来表达零件。

如果零件结构比较复杂且不对称，必须使用全视图。如果零件具有对称结构，可以使用半视图。如果只需要表达零件的一部分结构，则可以使用局部视图。如果需要表达零件上位置比较特殊的结构（例如倾斜结构），可以使用辅助视图。如果需要表达结构复杂但尺寸相对较小的结构，可以使用详细视图。如果需要简化表达尺寸较大而结构单一的零件，可以采用破断视图。如果需要表达零件的断面形状，可以使用旋转视图。此外，为了表达零件的内腔结构和孔结构，可以使用剖视图。同样，根据这些结构是否对称、是否需要部分表达等情况可以分别使用全剖视图、半剖视图和局部剖视图。

在创建工程图时，如果使用系统提供的模板进行设计，系统会自动使用第三角画法创建零件的 3 个正交视图。如果不使用模板进行设计，则必须自行使用参照依次创建需要的视图。

8.4　习题

1. 什么是一般视图？在工程图中有何重要作用？

2.　什么情况下需要使用剖视图表达零件？

3.　什么情况下需要使用局部视图表达零件？

4.　使用系统提供的模板创建工程图有何优越性？

5.　在工程图上通常需要标注哪些设计内容？